一个人
对了，

他的**世界**
也就错不了

YIGERENDUILE
TADESHIJIEYEJIUCUOBULIAO

冯晓
编著

广东旅游出版社
GUANGDONG TRAVEL & TOURISM PRESS
悦读书·悦旅行·悦享人生

中国·广州

图书在版编目（CIP）数据

一个人对了，他的世界也就错不了 / 冯晓编著. — 广州：广东旅游出版社，2017.8（2024.8重印）

ISBN 978-7-5570-1004-1

Ⅰ. ①一… Ⅱ. ①冯… Ⅲ. ①成功心理 – 通俗读物 Ⅳ. ①B848.4-49

中国版本图书馆CIP数据核字（2017）第132395号

....

一个人对了，他的世界也就错不了

YI GE REN DUI LE , TA DE SHI JIE YE JIU CUO BU LIAO

出 版 人　刘志松
责任编辑　李　丽
责任技编　冼志良
责任校对　李瑞苑

广东旅游出版社出版发行

地　　址	广东省广州市荔湾区沙面北街71号首、二层
邮　　编	510130
电　　话	020-87347732（总编室）　020-87348887（销售热线）
投稿邮箱	2026542779@qq.com
印　　刷	三河市腾飞印务有限公司
	（地址：三河市黄土庄镇小石庄村）
开　　本	710毫米×1000毫米 1/16
印　　张	15
字　　数	188千
版　　次	2017年8月第1版
印　　次	2024年8月第2次印刷
定　　价	65.00元

- -

人人都想此生无憾，都想功成名就，但，并不是人人都可以做到。甚至可以说，我们生活中的大多数人都做不到。其原因多种多样，有不能正确认识自己的，有缺少对机会把握的等等。我们经常告诫自己，要有理想，要有信心，要有对成功不懈的追求，这些都是必须坚持的。但是在我们生命中，总有一些错误的想法，让我们看不到成功的彼岸，逐渐也就失去了坚持的勇气。

就像一个故事所讲的：美国有位牧师，第二天要去进行一次隆重的布道演讲，但踌躇再三，一直找不到合适的讲题，偏偏他的小孩又在边上捣乱。他就拿了一张世界地图，几下将它撕成碎片，交给小孩，说："如果你能将这张地图拼好，我给你两块钱。"小孩高高兴兴地就拿过去了。牧师心想：这张地图够孩子忙上几个小时了，自己也正好准备一下演讲。

岂料过了不到几分钟，小孩就兴高采烈地跑过来，说地图已经拼好。牧师接过一看，果然一张完整的世界地图又呈现在眼前，他奇怪地问："你怎么能这么快就拼好了呢？"小孩回答："地图反面是一张人头像，我把人头像拼好了，地图当然也就拼好了。"牧师一听顿然醒悟，他终于找到布道的题目：一个人是对的，他的世界也就错不了。

要让事情改变，先改变自己；要让事情变得更好，先让自己变得更好。如果你感觉自己做事不成功，做人不快乐，生活不幸福，你首先要好好检讨的是自己，自己有没有需要改进的地方。

你想要改变命运，就要学会改变自己。如果你觉得自己不够快乐，不够成功，不够受欢迎，那你就得想办法改变自己。一个人既想改变生活状况，又不去努力改变自己，那像什么呢？要想有不同的结果，就得有不同的做事方式；要想有不同的生活世界，就得有不同的自己。因此，那些错误的思想对于我们每一个人来说是极其有害的，为此我们必须改变它。就像改变结构以后，不起眼的石墨也能转化成光彩夺目的金刚石。我们做人，并不是要否定我们自己，而是改变我们的结构，包括思维、态度、情绪等等。

很多时候，我们只不过是不想改变罢了。因为我们担心改变后会损失很多东西。其实如果我们不改变，我们损失的将会更多。而改变只会损失掉不适合自己的东西。我们的时代和社会在飞速变化，我们必须做出相应的变化，以求不断适应！任何时候都要记住：学会改变，只要一个人对了，他的世界也就错不了！

目录

其实不过是给自己找了一个自欺欺人的借口。

第三章　过去没有意义，未来从现在开始　/ 039

过去的一切已经过去了，没有任何意义。未来的还没有开始，我们不能停留在憧憬，我们必须用现在的行动，创造更好的未来。

第四章　人生的价值，在于你自己的选择　/ 059

人生的价值，是个选择题，每一个人都有选择的权利。自己应该明白自己的选择，也应该坦然接受这种选择带来的命运。

第五章 我们没有选择逃避的权利 / 079

面对困难，我们没有选择逃避的权利。生活正是由一个个困难组成的。正是因为有了困难，所以我们才能不断地成长。当我们与困难狭路相逢的时候，要感谢命运给了你一个增长才干的机会。

第六章 最耽搁人生的事莫过于坏的习惯 / 099

优秀是一种习惯，不优秀也是一种习惯。好的习惯可以成就一个人，不好的习惯也可以毁掉一个人。最耽搁我们人生的莫过于坏的习惯。

第七章　气度不是表现给别人看的　/119

气度，是一个人的生存智慧，是保护神，不是用来表现给别人看的，而是自己内心中确实存在的博大胸怀。

第八章　每一个人都离不开身边人的帮助　/ 139

我们要和我们身边的人成为朋友，不要远交近攻，以邻为壑。很多时候，远水救不了近火，你离不开身边人的帮助。

第九章　不摆小聪明，做人要有一点智慧　/ 159

做人靠的是智慧，而不是所谓的小聪明。生活中很多小聪明的人，一生一事无成，而只有那些大智若愚的人，最后成就非凡。

第十章　要想成功，必须管理好自己的情绪　/ 177

要想成功就必须管理好自己的情绪。情绪太大的人不仅很少能够成功，而且连最起码的与人友善相处都做不到。我们不能过于要求别人，即使我们自我要求很高。

第十一章　用心思考，不要堕入思维定势　/ 197

我们一定要用心去思考，不要堕入到思维定势之中。很多思维定势最后让我们无法自拔，其实生活需要有自己全新的思考。

第十二章　不要等到失去的时候才知道珍惜　/ 213

人要懂得珍惜自己拥有的东西，不要等到失去的时候，才追悔莫及。生活中有很多的遗憾，我们不应该重蹈覆辙。

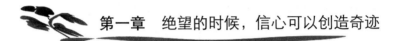

第一章　绝望的时候，信心可以创造奇迹

　　信心，对于每一个人来说都很重要。当我们处于困境，感到失望甚至绝望的时候，我们一定不要忘了信心可以创造奇迹。即使自己身边很冷清，也一定不要忘记用左手温暖右手。

对自己有信心，不要轻易受挫

挫折，谁都不可避免地遇到，就像在大海中航行的船，不可避免地遇到风浪一样。有的人希望自己一生一帆风顺，永远不会受到挫折。这不仅不现实，还会让自己失去与挫折战斗的勇气。

人的一生犹如玄奘西天取经一样，必然会经历很多磨难。尽管不是历经九九八十一难，少一难人生就不能圆满，但一定会有很多足以让你心灰意冷的打击。在这种时候，你要有十分的勇气，应对各种磨难。

那么这种勇敢的力量从哪里来？是别人的评价吗？是别人的期许吗？还是背负的责任？这些都不是，评价、期许和责任也许会让人在一时间勇敢起来，但解决不了永远勇敢的问题。真正勇敢的力量来自一个人的内心，你需要永远对自己有信心，这种信心与生俱来，没有理由，也无须论证。

有一位收藏家请一位鉴赏家来到家里，请他鉴赏一下他最近收集的几幅字画。

鉴赏家来了以后，他先拿出郑板桥的一幅竹画，请鉴赏家看。鉴赏家看了半天，没有说话。然后收藏家拿出现代一位青年画家的作品，请他鉴赏。那位鉴赏家看了几眼就连声赞叹道："很好，非常、非常好"。

收藏家糊涂了，他说："以我的经验，郑板桥的竹画不应该是假的呀，可是不见你对郑板桥的画有什么评价，怎么倒是称赞起这幅名不见经传者的画呢？"

鉴赏家说："对郑板桥的画，没有人需要说什么，它本身已经把一切都说明了；但对第二幅画，则必须有人赞扬它，不然它的作者就会受挫的"。

其实我们中间的很多人，都是需要依靠别人的鼓励生存下去的。我们习惯把别人的鼓励当成自己前进的动力，但是，我们是否有勇气拷问一下自己的心灵：我们是否是为了活在别人的眼光中？我们是否真的没有勇气，才要借助别人的力量？

一个人如果心灰意懒，或者认为自己于事无补，固然可悲。但一个人如果始终需要别人的鼓励才能生存下去，又何尝不可怜？

做人就不要寄希望于自己一帆风顺，挫折来的时候我躲着它、让着它，而要始终相信自己一定能战胜挫折，这种相信没有理由，也无需理由，让挫折来得更猛烈些吧！

留一个希望在心底，永不放弃

有的人，永远都会给自己留一条所谓的退路："大不了放弃"。其实，放弃并不是什么退路，而是人生最大的失败。

一个人从事事业，会遇到各种各样的困难。试问，对于一个没有困难就可以很轻易成功的事情来说，你可以说它是事业吗？你会从中获得成就感吗？

我们在听很多成功者讲述自己成功故事的时候，很少听到有人说自己想成功，于是不费吹灰之力就成功了，而是将自己想做事情，却遇到了艰难险阻，自己用尽办法，历经磨难，将艰难险阻克服的过程讲述给我们。事实也正是这样，正是有这些磨难，我们才对那些成功者保持了一份独有的尊敬，而不是嗤笑他们是暴发户。难道当你成功的时候，你不想获得别人的这份尊重吗？如果你想，那么请永远留个希望在心底，永远都不要放弃。

斯坦利·库尼茨是个对沙漠探险情有独钟的瑞典医生。年轻的时候，他曾试图穿越非洲撒哈拉沙漠。进入腹地的当天晚上，一场铺天盖地的风暴使他变得一无所有：向导不见了，满载着水和食物的驼群消失得无影无踪，连那瓶已经开启的准备为自己庆祝 36 岁生日的香槟也洒得一十二净。

死亡的恐惧从四面八方涌来，斯坦利的手神经质地伸进自己的口袋："苹果？"斯坦利从绝望中清醒过来："我还有一个苹果。"

几天后，奄奄一息的斯坦利被当地土著人救起。令他们大惑不解的是，昏迷不醒的斯坦利手中攥着一个虽然完整但已干瘪得不像样子的苹果。它被攥得如此紧，以至于谁也无法从他手中取出。

上个世纪初，这个一生中不乏传奇色彩的老人去世了。弥留之际，他为自己拟写了这样一句墓志铭：我还有一个苹果。

"我还有一个苹果"，无论你遭遇了什么，无论你觉得上天对你如何的不公，你都要看到自己手上的苹果，这是上天馈赠给你的礼物。上天正关注着你，然后旁边的人说："这个人我相信，是可以成大事的，要不我怎么会浪费这么多精力和时间来'苦其心志，劳其筋骨，恶其体肤'？"

做人，永远留一个希望在心底，无论在任何时候，都要相信自己，都不要放弃。当你放弃的时候，上天也会把你手上的苹果也夺去，连同你的生命。

有信心意味有目标，坚持走

对于没有航向的船来说，任何方向的风都是逆风。如果认为只要相信自己能够成功，就一定能成就大事，那么毫无疑问是有的人的呆子呓语。有信心就意味着你有目标，就意味着你答应了自己的心灵，要坚持走下去，无论遇到任何情况，都不会放弃。

在生活中，我们看到很多人，对自己很有信心，也很努力，整天忙忙碌碌，而且总觉得时间不够，真希望一天能够干足25个小时。但上天并没有眷顾他们，他们信心爆棚，但是没有目标，或者他们的目标本身就有问题，就像南辕北辙一样，坚持走下去，只会越走越远，渐渐地把自己给迷失了。

白龙马随唐僧西天取经归来，名动天下，被誉为"天下第一名马"，众驴马羡慕不已。于是很多想要成功的驴马都来找白龙马，询问为什么自己这样努力却一无所获。

白龙马说："其实我去取经时大家也没闲着，甚至比我还忙还累。我走一步，你也走一步，只不过我目标明确，十万八千里我走了个来回，而你们在磨坊原地踏步而已。"

众驴马愕然。

是啊！看看我们周围的人，看看我们自己吧，我们整天都很忙，整天都不得清闲，自己这么努力，上天理所当然要眷顾，没有功劳也有苦劳啊！但是现实就是现实，如果你的苦劳永远都是低级的劳动，你永远都不可能获得你所想要的报偿。

人固然要劳作，但人的劳作和动物的区别就在于人是有思想的劳作，人的劳作是步步指向目标的。我们每一个人能做的事情都很多，一天二十四小时，不做这件事情，也可以做另外一件事情，但是人要认真思考一下，自己所做的事情是否是指向自己的目标的。如果不是，这种事情最好不要做，因为确实徒劳无益。

人要坚持走，就要设计蓝图，就要给自己设立长远的目标，蓝图和目标就是你坚持走的方向，只有确定了这个方向，当你遇到众多选择的时候，你才不会迷惑，才不会歧路亡羊。做人就要引发自己的思考，深深地思考自己想要得到什么，自己想做什么样的人。如果你还整日奔忙，却不知道未来是什么样的，不妨停下来思考一下，千万别再做一天和尚撞一天钟，把自己一生都给耽搁了。

信念是人生事业的支柱

一个人事业的支柱是什么？有的人会说是资本，无论是人脉、项目还是资金都可以看成是资本。这种回答固然有理，但是它解释不了这种现象：不同的人，拥有同样的资本，但最后永远是完全不同的结局。其实，事业的真正支柱是一个人的信念，正是因为一个人有了信念，他才可以调动自己所有的能力，去完成自己想做的事情。

有一老一小两个相依为命的瞎子，每日里靠弹琴卖艺维持生活。一天老瞎子终于支撑不住，病倒了，他自知不久将离开人世，便把小瞎子叫到床头，紧紧拉着小瞎子的手，吃力地说："孩子，我这里有个秘方，这个秘方可以使你重见光明。我把它藏在琴里面了，但你千万记住，你必须在弹断第一千根琴弦的时候才能把它取出来，否则，你是不会看见光明的。"小瞎子流着眼泪答应了师父。老瞎子含笑离去。

一天又一天，一年又一年，小瞎子用心记着师父的遗嘱，不停地弹啊弹，将一根根弹断的琴弦收藏着，铭记在心。当他弹断第一千根琴弦的时候，当年那个弱不禁风的少年小瞎子已到垂暮之年，变成一位饱经沧桑的老者。他按捺不住内心的喜悦，双手颤抖着，慢慢地打开琴盒，取出秘方。

然而，别人告诉他，那是一张白纸，上面什么都没有。泪水滴落在纸上，他笑了。

老瞎子骗了小瞎子？

这位过去的小瞎子，如今的老瞎子，拿着一张什么都没有的白纸，为什么反倒笑了？

就在拿出"秘方"的那一瞬间，他突然明白了师父的用心良苦，虽然是一张白纸，但却是一个没有写字的秘方，一个难以窃取的秘方。只有他，从小到老弹断一千根琴弦后，才能领悟这无字秘方的真谛。

那秘方是希望之光，是在漫漫无边的黑暗摸索与苦难煎熬中，师父为他点燃的一盏希望的灯。倘若没有它，他或许早就会被黑暗吞没，或许早就已在苦难中倒下。就是因为有这么一盏希望的灯的支撑，他才坚持弹断了一千根琴弦。他渴望见到光明，并坚定不移地相信，黑暗不是永远，只要永不放弃努力，黑暗过去，就会是无限光明。

做人，就要有小瞎子弹琴一样的信念，只有信念的支撑，才能获得不断前进的动力，人才能调动自己所有的能力，去实现自己的事业。

给自己鼓掌又何妨

谁濒临绝境，心中会不恐慌？谁处困苦中，身边会不冷清？当你事业未成的时候，身边冷冷清清是理所当然的事情。贫在闹市无人问，富在深山有远亲乃人之常情。有的人也许会抱怨，甚至以为自己看透了世态炎凉，人情冷暖。姑且抛开这些纠葛恩怨，我们只来看看当我们处于绝境和困苦中的时候，我们该怎么办？其实，当别人依靠不着的时候，我们给自己鼓鼓掌，又有何妨？

从前有一位美国作家，他是靠着为报社写稿维持生活的。他给自己定了一个目标，每周必须完成两万字。达到了这一目标，就去附近的餐馆饱餐一顿作为奖赏；超过了这一目标，还可以安排自己去海滨度周末。于是，在沙滩上，常常可以见到他自得其乐的身影。

作家劳伦斯·彼德曾经这样评价一些著名歌手：为什么许多名噪一时的歌手最后以悲剧结束一生？究其原因，就是在舞台上他们永远需要观众的掌声来肯定自己。但是由于他们从来不曾听到过来自自己的掌声，所以一旦下台，进入自己的卧室，便会觉得凄凉，觉得听众把自己抛弃了。他的这一剖析，确实非常深刻，也值得深省。

人不是活在别人的期许中，人要活在自己的信念中。当我们生活困苦的时候，有一些朋友雪中送炭，千里送鹅毛，固然可喜。但是如果没有呢？是不是我们要结束自己的事业，去蝇营狗苟地打发剩余的时光？是不是我们就要厚着脸皮，挤在别人家的火炉旁？显然不是，当你困苦的时候，你给自己鼓鼓掌，同样也可以温暖自己。

给自己鼓掌，就是相信自己。只有当你相信自己的时候，奇迹才有可能出现，如果你不相信自己，奇迹是不可能把自己寄托给你的，因为那并不长久。

做人，在遇到困苦的时候，就不要再等，不要再依靠，给自己鼓个掌，相信自己一定能走出困境，相信自己一定能够成功。当你走出去的时候，你会看到一个完全不同的世界，正像当年苏秦得意和失意所受的不同待遇一样。

当然，我们不要误以为别人眼浅，看不到长远，其实换成是我们也一样。谁会对一个对自己都没有信心和落魄的人保持礼遇？

没有信心看到目标比死还可怕

如果不是那些工具和死因遮掩住了真相，很多人生命的结束其实都归结于意念。是意念杀死了他们，生活中还有很多人正在被意念给杀死。邪恶的意念、不走正途的意念、铤而走险的意念，都能置人于死地。然而最能让人死亡的意念不外乎没有信心看到目标。如果没有真凭实据，有的人会对这种说法嗤之以鼻的。

一位军阀每次处决死刑犯时，都会让犯人选择：一枪毙命或是选择从墙上的一个黑洞进去，命运未知。所有犯人都宁可选择一枪毙命也不愿进入那个不知里面有什么东西的黑洞。

一天，酒酣耳热之后，军阀显得很高兴。旁人很大胆地问他："大帅，您可不可以告诉我们，从这黑洞走进去究竟会有什么结果？"

"没什么啦？选走进黑洞的人其实只要经过一两天的摸索便可以顺利地逃生了，人们只是不敢面对不可知的未来罢了。"军阀回答。

正如军阀设计的那个黑洞一样，其实我们的人生是由一个个黑洞组合而成的。你知道明天会发生什么事情吗？即使是占卜算卦的人也不敢随便预测。在这种情况，有一种人走了极端，他们杞人忧天，把未来想象得很恐怖，最后把自己给吓坏了，其实把明天过了以后，才发现什么都没有发生。

当然，这只是一个很渺小的例子，比起人生历程的汪洋大海来说，你真的不知道什么时候会有大风暴的来临？你真的不清楚自己的命运会是怎么样的？那么是否自己就要束手待毙、不思进取、得过且过、日日笙歌？当然不是，只有傻子和过于怯懦的人才会选择那样的生活。真正的勇士，正如鲁迅先生所说，敢于直面惨淡的人生，敢于正视淋漓的鲜血，既然这些都不怕，那么未来一段暂时看不到头的黑路又何足挂齿呢？

未来怎么样，谁能料得到？我们不能凭借现在的事实来选择未来，比如我们还很弱小，我们就选择退却。我们只能凭借我们的价值观来选择未来，我们相信自己的勇敢，那么就选择抵抗最大的道路坚决前行，谁又能断言，你一定不能成功呢？只要你相信自己，只要你的目标明确，只要你坚定地走下去，你就有成功的可能。即使不幸失败了，你都以一种成功的心态过着如此充实的日子，那又有什么好怨恨的呢？

做人就要勇敢，不要惧怕看不见的未来。

你得相信你就是最优秀的

你得相信你就是最优秀的。有的人肯定笑话这话说得太唯心。事实上，每一个人对这个世界最大的意义就是他自己。如果他都不相信自己是最优秀的，那他又能相信什么？

古希腊的大哲学家苏格拉底在临终前有一个不小的遗憾——他多年的得力助手，居然在半年多的时间里没能给他寻找到一个最优秀的闭门弟子。

苏格拉底在风烛残年之际，知道自己时日不多了，就想考验和点化一下他的那位平时看来很不错的助手。他把助手叫到床前说："我的蜡所剩不多了，得找另一根蜡接着点下去，你明白我的意思吗？"

"明白，"那位助手赶忙说，"您的思想光辉是得好好地传承下去……"

"可是，"苏格拉底慢悠悠地说，"我需要一位最优秀的传承者，他不但要有相当的智慧，还必须有充分的信心和非凡的勇气……这样的人选直到目前我还未见到，你帮我寻找和挖掘一位好吗？芽"

"好的，好的。"助手很尊重地说，"我一定竭尽全力地去寻找，不辜负您的栽培和信任。"

苏格拉底笑了笑，没再说什么。

那位忠诚而勤奋的助手，不辞辛劳地通过各种渠道开始四处寻找了。可他领来一位又一位，都被苏格拉底婉言谢绝了。

半年之后，苏格拉底眼看就要告别人世，最优秀的人选还是没有眉目。助手非常惭愧，泪流满面地坐在病床前，语气沉重地说："我真是对不起您，令您失望了？"

"失望的是我，对不起的却是你自己。"苏格拉底说到这里，很失意地闭上眼睛，停顿了许久，才又不无哀怨地说："本来，最优秀的就是你自己，只是你不敢相信自己，才把自己给忽略、给耽误、给丢失了……其实，每个人都是最优秀的，差别就在于如何认识自己、如何发掘和重用自己……"话没说完，一代哲人就永远离开了他曾经深切关注着的这个世界。

"失望的是我，对不起的却是你自己。"有些时候，因为懦弱，我们会让关心我们的人失望，但是他们只不过是失望而已，真正对不起的人是我们自己。我们要做一个对得起自己的人，就要永远相信自己是最优秀的，只有相信自己最优秀，你才可能有担当，才能成就大事业，做人，就必须永远相信自己的优秀。

谁都是从青涩的果实开始收获香甜。

很少有人一开始就取得成功。很多的人总认为自己一开始就不成功，以后就不会再有希望了，于是蜷缩到自己的小角落里自怨自艾。事实上，谁都是从青涩的果实开始收获香甜的，绝大多数成功者一开始都会遭遇到挫折，正是因为他们不放弃，相信自己一定能够有所成就，所以最后才成就了事业。机会无处不在，只是不给那些不再相信自己的人。

有一天，俄罗斯剧作家克雷洛夫在街上行走。

忽然，有个年轻的果农走上前来，拦住了他的去路。只见果农拿着一个果子，向克雷洛夫兜售。

年轻人腼腆地对他说："先生，请你帮忙买些果子吧！不过，我要老实告诉你，这些果子其实有点酸，因为这是我第一次种果子。"

克雷洛夫见这个果农如此诚实，顿时心生好感与怜惜，便向他买了几个果子，并对他说："小伙子，别灰心啊！你以后种的果子会越来越甜的，我第一次种的果子也是酸的。"

年轻人一听，以为遇到了"同行"，连忙向他请教："你以前也种过果树吗？后来呢？"

克雷洛夫笑着说："我啊？我收获的第一个果实，是《用咖啡渣占卜的女人》。不过，当时没有一个剧院愿意演出这个剧本。"

一个人不被认可，并不代表这个人不行，很可能是别人的判断有问题。很多杰出的作家，开始向出版社投稿的时候，往往是石沉大海；很多杰出的企业家，第一笔生意往往做得很是蹩脚，甚至受人嘲弄。但是这些人最后都取得了成功，原因就在于他们没有放弃，他们有意或者无意地坚持了从青涩中收获香甜的原则。不仅如此，很多成功者都善于从另外一方面想问题，因为还没有成功，因为还有不圆满，所以还有前进的动力和发展的空间。正是抱着这样一种态度，他们不断地超越自己，克服自己的惰性，最后成就伟业。

做人就要善于品尝最开始的青涩，千万不要因此而灰心，也绝对不因为暂时的失败而气馁，当你不放弃的时候，当你渴求机会和希望的时候，它一定会来到你的身边。

既然已经相信自己，就不要有丝毫怀疑

曾参杀人让深信儿子的母亲赶紧逃跑，三人成虎让不相信集市中有老虎的国王产生动摇。很多时候别人对我们的信心是有底线的。其实更多的时候我们对自己的信心何尝没有底线？有的人在经过了几次失败后，就开始产生

了"智慧"，他们开始怀疑自己。其实很多时候，你必须永远地相信自己。

有一次，学生们向苏格拉底请教怎样才能相信自己。

苏格拉底让大家坐下来。他用手拿着一个苹果，慢慢地从每个同学的座位旁边走过，一边走一边说："请同学们集中精力，注意嗅空气中的气味。"

然后，他回到讲台上，把苹果举起来左右晃了晃，问："有哪位同学闻到苹果的气味了呢？"

有一位学生举手站起来回答说："我闻到了，是香味儿！"

苏格拉底又问："还有哪位同学闻到了？"

学生们你望望我，我看看你，都不作声。

苏格拉底再次走下讲台，举着苹果，慢慢地从每一个学生的座位旁边走过，边走边叮嘱："请同学们务必集中精力，仔细嗅一嗅空气中的气味。"

回到讲台上后，他又问："大家闻到苹果的气味了吗？"

这次，绝大多数学生都举起了手。

稍停，苏格拉底第三次走到学生中间，让每位学生都嗅一嗅苹果。回到讲台后，他再次提问："同学们，大家闻到苹果的味儿了吗？"

他的话音刚落，除一位学生外，其他学生全部举起了手。

那位没举手的学生左右看了看，慌忙也举起了手。

苏格拉底也笑了："大家闻到了什么味儿？"

学生们异口同声地回答："香味儿！"

苏格拉底脸上的笑容不见了，他举起苹果缓缓地说："非常遗憾，这是一只假苹果，什么味儿也没有。"

你的心理暗示对自己很重要，你要想做一个成功的人，就要永远相信自己一定能够成功，而不要去怀疑。怀疑就像一个种子，一旦种了下去，就一定会生根发芽，最后分裂掉自己的信心大厦。做人要学会坚决地相信自己，不要浪费时间在怀疑上。自己有可以改进的地方，但是这都是建立在相信自己的前提下。相信自己，永远都不用怀疑。

有信心的人最美

很多时候，我们很微小。相对于宇宙来说，我们都很渺小；相对于成功者来说，我们往往汗颜。在这种时候，我们是不是应该躲起来，藏起来，免得走出来让人耻笑。有的人，相信自己的卑微是命中注定，到死都不会有任何改变。于是放弃了抗争的武器，最后穷其一生，一事无成。事实上，如果我们有信心，我们就是最美丽的，至于事业是否成就反而变得很其次。

玛丽觉得自己长得不够漂亮，很自卑，走路都是低着头的。有一天，她到饰物店去买了只绿色蝴蝶结，店主不断赞美她戴上蝴蝶结很漂亮，玛丽虽不信，但是挺高兴，不由昂起了头，急于让大家看看，出门与人撞了一下都没在意。

玛丽走进教室，迎面碰上了她的老师。"玛丽，你抬起头来真美！"老师爱抚地拍拍她的肩说。

那一天，她得到了许多人的赞美。她想一定是蝴蝶结的功劳，可在镜前一照，头上根本就没有蝴蝶结，一定是出饰物店时与人一碰弄丢了。

不过，玛丽知道，以后她再也不需要蝴蝶结了。

这是一个真实的故事，这位叫玛丽的小女孩现在已经是ＨＢＯ的著名主持人了。其实你我的身边也有很多类似的故事。我们身边有很多自卑的人，只是，他们可能没玛丽这么幸运，还是在受着自卑的折磨。

一个人自信，是要过一天二十四小时，一小时六十分钟。一个人自卑也是这样。但是，这些时间的用途完全不同。自信的人用这些时间来不断做有意义的事情，他们要成就一番事业；而自卑的人用这些时间来自怨自艾，不断舔舐过去的伤口，不断地否定自己。不分过去如何，仅从时间的利用来看，自信的人就比自卑的人成功的概率要大很多。自信的人是靠自己的努力创造成功，自卑的人却在等待机会降临，即使机会降临，自卑的人也往往抓不住。

做人，要对自己有绝对的信心，要做一个永远自信的人，当你自信的时候，你会发现处处都有机会，任何困难都有解决的办法。当你不断克服困难的时候，你也就随之聚集了力量，最后成就了自己的梦想。

上天永远不会把人逼上绝路

生活本身不会把人逼上绝路，上天关上一扇门的时候，一定会打开一扇窗。人之所以走上绝路，很多时候是自己逼迫自己的。有的人或许不这样认为，他们认为生活中有很多无奈，世界处处存在风险和陷阱，似乎稍一不慎就会掉下去，掉下去以后就再也爬不起来。

两只青蛙在觅食中，不小心掉进了路边一只牛奶罐里。牛奶罐里还有为数不多的牛奶，但是足以让青蛙们体验到什么叫灭顶之灾。

一只青蛙想：完了，完了，全完了。这么高的一只牛奶罐啊，我是永远也出不去了。于是，它很快就沉了下去。另一只青蛙在看见同伴沉没于牛奶中时，并没有一味放任自己沮丧、放弃，而是不断告诫自己："上帝给了我坚强的意志和发达的肌肉，我一定能够跳出去。"它每时每刻都在鼓起勇气，用尽力量，一次又一次奋起、跳跃——生命的力量与美展现在它每一次的搏击与奋斗里。

不知过了多久，它突然发现脚下的牛奶变得坚实起来。

原来，它的反复跳动，已经把液态的牛奶变成了一块奶酪。不懈的奋斗和挣扎终于换来了自由的那一刻。它从牛奶罐里轻盈地跳了出来，重新回到绿色的池塘里。而那一只沉没的青蛙就那样留在了那块奶酪里，它做梦都没有想到会有机会逃离险境。

生活不会让愿意奋斗的人没有出路的。一个人只要愿意奋斗，生活就一定会回给他前进的希望。一个人有勇气奋斗的时候，生活中的很多困难就会向他让步。正如成功从牛奶罐里逃脱的青蛙一样，当你在生活中不断地拼搏，你就会为自己打下一个足以跳跃的基础，最后获得成功。

我们生活中有很多人，一旦受到了挫折，或者掉入了某个陷阱，就立即觉得生活暗淡无光。比如一个失恋的青年，因为恋人的离去，他顿时觉得人生毫无意义，活着也没有幸福可言，最后自暴自弃。如果他的恋人看到他这番景象，会暗叹自己的英明，一个经不起挫折的人，凭什么给别人带来幸福？

做人，就要永远相信，天无绝人之路。当你坚定地相信有路的时候，你才会坚定地去找路，而当你坚定去找路的时候，你就有极大的希望去找到路。当你找到路的时候，自然就是希望降临的时候。

不时暗示自己不非凡

一个人的心理暗示对自己很重要，有的人或许认为这是自欺欺人，但事实上，我们心里都有一个很柔弱的信念。这个信念，如果你相信，它就是真的，它就能成就一番大事业。相反，如果你不相信，它就是假的，它就会让自己过得很被动，很狼狈。

多年前的一个傍晚，一位叫亨利的青年移民，站在河边发呆。

这天是他 30 岁生日，可他不知道自己是否还有活下去的必要。因为亨利从小在福利院里长大，身材矮小，长相也不漂亮，讲话又带着浓重的法国乡下口音，所以他一直很瞧不起自己，认为自己是一个既丑又笨的乡巴佬，连最普通的工作都不敢去应聘，没有工作，也没有家。

就在亨利徘徊于生死之间的时候，与他一起在福利院长大的好朋友约翰兴冲冲地跑过来对他说："亨利，告诉你一个好消息！"

"好消息从来就不属于我。"亨利一脸悲戚。

"不，我刚刚从收音机里听到一则消息，拿破仑曾经丢失了一个孙子。播音员描述的相貌特征，与你丝毫不差！"

"真的吗，我竟然是拿破仑的孙子？"亨利一下子精神大振。联想到爷爷曾经以矮小的身材指挥着千军万马，用带着泥土芳香的法语发出威严的命令，他顿感自己矮小的身材同样充满力量，讲话时的法国口音也带着几分高贵和威严。

第二天一大早，亨利便满怀自信地来到一家大公司应聘。

20年后，已成为这家大公司总裁的亨利，查证自己并非拿破仑的孙子，但这早已不重要了。

人类经历了那么多战乱和灾难，最后基因能够遗传下来，我们这些活着的人应该感到庆幸。我们已经是很不平凡，已经是很了不起，那为何我们要自卑呢？如果我们有一个高贵而又自由的灵魂，为什么要困守在我们"什么都做不了"的狭隘念头中呢？我们得相信自己能做事情，我们得相信世界上真有奇迹出现，只有我们相信了，我们最后才能有所成就，也只有我们相信了，我们才能有切实的行动。没有天生就是平凡的人，只有甘于做平凡的人。

做人就要在自己失去希望的时候，及时告诉自己确实不平凡，及时地拣回自己的希望，让自己更加坚定地走下去，直到成功。

信心在于人的一念间

一念之间，一个天堂，一个地狱。很多时候，事情的发生就在一念之间，我们要尽量选择好的念头，不要错误地去想太多的实事求是，念头是一个人的价值取向，没有什么事实可言。

有一份报纸曾经刊登了一则短讯。它记载有一个摄影师，他的那架照相机至少替4万人照过相。在谈话中，他谈到许多关于人的脸，以及人脸如何转变的话。他开照相馆很多年，也替人家照过不知多少相。其中有些人后来还成为名人。他说，他从来没有看到过一张脸特别丑，邪恶的脸更少。

如果我们仔细观察人的脸，看到深处，就不只看到其轮廓和美丑，还能看到这个人的精神和性格，因此我们常常能看到许多可爱可喜的东西。

有一次，一位爵士到这家照相馆来照相，他对摄影师说："我的脸很不好看，你尽量照得漂亮些，可是不要抹除我脸上的皱纹，这是我活了这么多年才获得的！"每一个人脸上的皱纹都是这样得来的，不管这皱纹是温柔，还是严酷，或者像美国幽默大师马克·吐温的脸一样，纵横交叉，布满困惑。

这位摄影师说，外貌如何，一个人自己做不得主，可是表情却是我们自己的。我们的脸在人家眼里看来是快乐，是忧伤，都得由我们自己负责。如果哪一天一个人脸上满是忧伤慌忙的颜色，那么这一天他便可能虚耗过去，毫无成就。相反地，如果表情坚毅、温和，这一天就能带来祝福。

表情是内心的反映，我们有坚定的内心，便有坚定的表情。当我们的内心十分脆弱的时候，我们的表情自然显得慌乱。而善于看相的人，从一个人是否慌乱就可以看出这个人未来能否有大作为，其逻辑就在这里。我们要不断去做一个坚定的人，我们要追求自己的成就，要让所有的人认可自己的成就，或者我们希望得到别人的帮助实现自己的成就，那我们就应该给别人信心。

做人就要从一念之间做起，给别人一个坚定的微笑，让别人相信你一定能够有所作为。

勇敢来自内心，而不寄托于外物

人要勇敢，有的人认为需要借助外物。比如一分钱难倒英雄汉，人要勇敢首先要有资本。这种说法解释不了，很多人白手起家也能取得非凡成就的现象。一个人的勇敢是来自于自己的心灵，而不是，也用不着寄托于外物。

一位父亲和他的儿子出征打仗。父亲已做了将军，儿子还只是个士兵。又一阵号角吹响，战鼓雷鸣了，父亲庄严地托起一个箭囊，里面插着一支箭。

父亲郑重地对儿子说："这是宝箭，配带身边，力量无穷，但千万不可抽出来。"儿子听了十分兴奋，便一口答应。果然，配带宝箭的儿子英勇非凡，所向披靡。但当战斗快胜利的时候，儿子再也禁不住得胜的豪气，忘记了父亲的叮嘱，强烈的欲望驱使着他呼一声就拔出宝箭，却发现是一支断箭。儿子的意志轰然坍塌了，最后死在了乱军之中。

真正借助于外物的勇敢不是真正的勇敢，这种勇敢有太多的附加条件，他容易培养自己对外物的依赖。正如人们常形容武林高手一样，刚开始的时候，手中有剑，心中有剑；后来有了一定修为，达到了手中无剑，心中有剑的地步；到最后成为了绝顶高手，手中无剑，心中也无剑。这并不是文字的游戏，事实也正是如此。当一个人真正勇敢的时候，他心中会涌起无穷的力量，支撑他的勇敢。它不需要依靠外物来衬托自己的勇敢。

古代有很多人学儒生的服饰，标榜自己有文化，国君也很难分辨，没有办法选拔人才，后来有人给国君出了一个主意，下令让儒生接受考核，最后全国就剩下一个儒生敢穿那种服饰。还有一些武士，标榜自己功夫厉害，于是带着让人惊心的剑到处走动，最后他们的功夫也很是平平。那些借助外物来标榜自己的人，往往是内心怯懦的。因为他们的怯懦，所以才需要外物壮胆。

做人，就要明白什么是真正的勇敢，就要了解勇敢的来源在哪里，它只可能来自于一个人的内心，而不是他所拥有的外物。

第二章　没有人能阻挡你对成功的向往

　　一个人对成功的追求，没有人能够阻挡。有时，我们认为有什么人阻挡了自己的成功，其实不过是给自己找了一个自欺欺人的借口。

为薪水而工作的人还将为薪水而劳碌

你想得到什么，你最终最有可能得到什么。当你为薪水工作的时候，你一生都将为薪水而劳碌。有的人会认为，会有机遇降临，自己的命运会得到改变，但事实真的如他们所愿的那样吗？

盛夏的一天，一群人正在铁路的路基上工作。这时，一列缓缓开来的火车打断了他们的工作。火车停了下来，一节特制的并且带有空调的车厢的窗户被人打开了，一个低沉、友好的声音："大卫，是你吗？"

大卫·安德森——这群人的主管回答说："是我，吉姆，见到你真高兴。"于是，大卫·安德森和吉姆·墨菲——铁路的总裁，进行了愉快的交谈。在长达1个多小时的愉快交谈之后，两人热情地握手道别。

大卫·安德森的下属立刻包围了他，他们对于他是铁路总裁墨菲的朋友这一点感到非常震惊。大卫解释说，20多年以前他和吉姆·墨菲是在同一天开始为这条铁路工作的。

其中一个下属半认真半开玩笑地问大卫，为什么他现在仍在骄阳下工作，而吉姆·墨菲却成了总裁。大卫非常惆怅地说："23年前我为1小时1.75美元的薪水而工作，而吉姆·墨菲却是为这条铁路而工作。"

当一个人为自己的任何一种想法而工作的时候，他会围绕着这种想法调动自己的资源，包括注意力。所以当一个人为了薪水而工作的时候，他做的很多事情，都是为了得到薪水。而与之相反，当一个人为了理想而努力的时候，他做的很多事情都是为了理想。这就是机会要青睐的有准备的头脑。

我们大多数人固然要靠薪水过日子，就像小孩要吃喝一样。但是如果这个孩子长成了成人，还只要吃喝，那么这个人是有问题的，生活极有可能陷入困顿之中。我们每一个人都有追求美好生活的向往，为此我们要不断地在自己的位置上找到更多的价值，而这些价值是可以带领我们走向未来的。

人，绝对不能只为薪水而活着，因为对于他们来说，那样的日子是没有任何意义的。

不敢想"大生意"阻碍了自己的成功

虽然很多人都是依靠自己的缓慢积累，最后有所成就的；虽然很多人都逃避风险，以求稳求安来取得成功。但是我们不能失去对"大生意"的想象力。有的人往往过于谨慎，把保守当成脚踏实地，不敢去谈"大生意"，甚至连想想都会让他们害怕不已。但人如果仅靠自己的积累，很少能够成就大的事情。固然个人的积累很重要，但是积累到一定的阶段去腾飞则更加重要。

日本三洋电机的创始人井植岁男，是一名成功的企业家，在他的辛勤经营下，企业从无到有，蒸蒸日上。

有一天，他家的园艺师傅对他说："社长先生，我看您的事业越做越大，而我却像树上的蝉，一生都坐在树干上，太没出息了。您教我一点创业的秘诀吧？"

井植点点头说："行？我看你比较适合园艺工作。这样吧，在我工厂旁有两万坪空地，我们合作来种树苗吧？树苗1棵多少钱能买到呢？"

"40元。"

井植又说："好。以一坪种两棵计算，扣除走道，2万坪大约种25000棵，树苗的成本是100万元。3年后，1棵可卖多少钱呢？"

"大约3000元。"

"100万元的树苗成本与肥料费由我支付，以后3年，你负责除草和施肥工作。3年后，我们就可以收入600多万元的利润。到时候我们每人一半。"

听到这里，园艺师傅却拒绝说："哇？我可不敢做那么大的生意？"

最后，他还是在井植家中栽种树苗，按月拿取工资，白白失去了致富良机。

其实，做任何事情都会有风险，园艺师傅选择了按月领取工资，其实何尝不风险巨大？我们要有敢于拼搏的勇气，当然这种拼搏不是赌博。有勇无谋往往是赌博，撞大运；但有勇有谋，就可以把风险降低，把成功的可能性进一步提高，最后获得成功。我们要做有勇有谋的人，而不要让自己心中的小算盘束缚了手脚。

做人，就要敢于想象大生意。别人能做的事情，自己为什么不能做？别人能够成功，自己为什么总是感觉怀才不遇？人生很多时候都需要冒险，在这冒险的过程中，你会体会到很多人生的乐趣，如果你是一个有勇有谋的人，你还会取得让别人瞠目结舌的成功。

是金子就会发光的，除非不是

是金子，就会发光，就会显现自己的价值。我们看到太多的人怀才不遇，认为社会对自己不公，没有给自己提供机会。其实哪里是这样？很多时候他们要么不能表现出自己的才能，要么本身就没有什么才能。有的人对这种评价会满腹牢骚，他们认为一直没有显现才能的机会。事实上，才能的显现，需要不断的磨炼，当你还是石子的时候，你是没有办法发出金子般的光芒的。

一个自诩很有才华的人，一直得不到重用，为此，他愁眉不展，苦闷不已。

有一天他去质问上帝："命运为什么对我如此不公？"上帝听了沉默不语，只是捡起一颗不起眼的小石子，并把它扔到乱石堆中，然后说："你去找回我刚才扔掉的那个石子。"结果这个人翻遍了乱石堆，却一无所获。

这时候上帝取下了自己手上的那枚戒指，然后以同样的方式扔到了乱石堆里。结果，这一次，他很快便找到那枚戒指——那枚金光闪闪的戒指。

上帝虽然没有再说什么，但是他却一下子醒悟了：当自己还只是一颗石子时，就永远不要抱怨命运对自己不公平。

上天怎么样对你，一定有他的理由。我们发现身边可能有太多的人，感觉远不如自己，却取得了巨大成功。我们都希望和他们一样有金子般的光芒，但是我们中间有几个人知道他们背后付出了多少努力？我们有几个人知道他们从石子转变为金子的过程中付出了多大的代价？如果我们不能付出，如果我们喊哭怕疼，不愿意承受从石子到金子转变过程的磨炼，我们就永远都不要抱怨自己没有得到重用。

对于我们每一个人，不是要把自己想象成金子，想象是解决不了问题的。我们应该把自己想象成石子，我们要知道自己有很长的道路去走，在这个过程中，跌倒、站起来、再跌倒、再站起来，这应该是常态。

做人就要学会接受这样一个过程，要把成功看成一个过程，在过程中将艰难困苦当成前进的最大动力，至于最后取得的成功都是附加的产品，等我们走到那一天，发现其实那并不重要。

最好的医生是奔跑在追求的路上

你对成功的向往会让你忘我，一个对成功有心理残疾的人，给他开的最好药方就是让他奔跑在成功的路上。有的人也许不理解，认为这不过是自欺欺人。但事实上一个人是否有理想、有追求，并且为这理想和追求付出努力，直接决定了这个人的精神状态。而一个人精神状态如何，在一定程度上主宰了这个人的一切。

相传有一个年过半百的人身患绝症，四处求医，却未见效。有一个智者告诉他："你这种病有人能治，但你必须四方游吟，才能引他露面。"于是这个人开始流浪，四处吟唱，唱给富人、穷人、病人、孩子。

数十年过去他从壮年变成老年，成了著名的游吟歌手，他的歌治愈了许多人的顽症，而他却浑然不知，一年一年唱过了百岁。

这天，一个路人问他为什么唱且唱得如此动听，他说："为了找一个神医，治我的绝症，咳，唱了五十多年，可他还没露面。我这病可咋办呀？"那人说："巧了，我就是医生。"于是便为他做了全面检查，随后对他说："你说你都一百多岁了，可身体还这么硬朗，哪有什么病啊？""难道那个智者骗我不成？"老翁顾不上多想，兴奋地高喊："我病好了，不用唱了，不用找那个医生了？"结果第二天，他却死了。

当一个人奔跑在梦想的路上，他是可以青春不老的。我们看到身边很多很年轻的人，他们整日郁闷不已，惶惶不安。究其原因，大概是因为感觉没有成功的希望，于是心灰意懒。与他们形成鲜明对比的是，我们可以看到很多年纪很大的人，依然日夜奔走在自己的事业上。我们真的很难评价谁年轻，谁年老；我们真的不难评价谁更有希望。

当觉得自己生活在苦难之中的时候，只要自己不自暴自弃，就永远都有成功的希望，人生最大的失败就是放弃。忘记你的苦难，忘记你曾经受到的不公正待遇，过去的种种对于今天、对于未来都没有任何意义。只有活在当下，活在追求中，才有意义可言。

做人，就要始终奔跑在路上，这种有目标有奋斗的生活会让人消除很多痛苦，尤其是心理上的缺陷。

缺点也可以铸就人生

不要害怕被生活折磨得体无完肤，不是因为它是不可避免的，而是因为体无完肤在一定程度上代表了一个健康的人。有的人会以为这是个悖论。体无完肤的人怎么可能健康？但事实上正是如此，正如新东方的创始人俞敏洪先生所说，人年轻的时候是面粉，单纯但是一吹就散，到后来揉入生活中的种种遭遇后变成了面团，到最后成为了面条，是可以吃的。这样的人生才是有味道的。

有一位种苹果的人，他的高原苹果色泽红润，味美可口，供不应求。有一年，一场突如其来的冰雹把即将采摘的苹果砸开了许多伤口，这无疑是一场毁灭性的灾难。眼看着苹果无法销出，不仅如此，如不按期交货还要按合同一一赔款。然而乐观的果农却打出了这样的一则广告：

"亲爱的顾客，你们注意到了吗？在我们的脸上有一道道的伤疤，这是上帝馈赠给我们高原苹果的吻痕——高原常有冰雹，高原苹果才有美丽的吻痕。味美香甜是我们独特的风味，那么请记住我们的正宗商标——伤疤。"

让苹果说话，这则妙不可言的广告再一次使果农的苹果供不应求，赢得了另一种成功。

年轻的时候，我们追求很是纯净的理想，当理想遇到现实阻挠的时候，我们往往选择了一种逃避式的坚持，有的人不想长大，有的人不想放下尊严，到最后终究一事无成，只能怨天尤人。我们的理想不会生活在温室里，不会远离细菌的侵扰，相反，正是因为有细菌的侵扰，理想才能健康成长。我们的人生理想最开始的时候就像一条小溪，我们希望它最后能汇入大海，但是从小溪到大海必须经历湍急的河流，那里泥沙俱下，鱼龙混杂，很有可能把自己变浑浊。如果我们不愿意选择这条路，我们将永远是小溪，大海很博大，我们却时刻都有干涸的威胁。

做人，就要认真看待自己的缺点，千万不要试图去做个完美无缺的人，也千万不要害怕沾染到了太多的"社会气"，我们生活在一定的生态中，这种生态不可能过于纯洁，我们没有办法去选择一种过于纯洁的生态，因为那里往往是长不出大树木来的。

世界没有想象中那么可怕

世界没有想象中的那么可怕，我们的想象很多时候容易夸大恐惧。有的人往往认为这世界到处都充满着危险。其实并不是这样的。

有一只老鼠告诉父母，他要去海边旅行。他的父母听后大声说道："真是太可怕了！世界上到处充满了恐怖，你千万去不得。"

"我决心已定，"老鼠坚定地说，"我从未见过大海，现在应该去看看了。你们阻拦也没用。"

"既然我们拦不住你，那么，你千万要多加小心啊！"老鼠的爸爸妈妈忧心忡忡地说。

第二天天一亮，这只老鼠就上路了。不到一上午，老鼠就碰到了麻烦和恐惧。一只猫从树后跳了出来。他说："我要让你填饱我的肚子。"

这对老鼠来说，真是性命攸关。他拼命地夺路逃命，尽管一截尾巴落到猫嘴里，但总算是幸免一死。

到了下午，老鼠又遭到了鸟和狗的袭击，他不止一次被追得晕头转向。他遍体鳞伤，又累又怕。

傍晚，老鼠慢慢爬上最后一座山，展现在他眼前的是一望无际的大海。他凝视着拍打岸边的一个接一个翻滚的浪花。蓝天里是一片色彩缤纷的晚霞。

"太美了！"老鼠禁不住喊了起来，"要是爸爸和妈妈现在同我在一起共赏这美景该有多好啊！"海洋上空渐渐出现了月亮和星星。老鼠静静地坐在山顶上，沉浸在静谧和幸福之中。

像这只小老鼠还是经历了很多凶险。事实上，我们中间的绝大多数人都不会经历这种凶险。正如一个拥有一千万人口的都市，如果发生了一起凶杀案，大家往往会人心惶惶，觉得活在这个城市很不安全。但实际上凶杀案只是千万分之一，是个极小概率的事件。通过媒体的报道，我们的阅读，就变成了一个让人恐惧的事件。其实，再进一步想，坏消息在绝大多数情况下比好消息要传播得快得多，人们也会有选择性地去听那些坏消息。

做人就要有一种生活的常态，这种生活的常态建立的前提就是不要自我制造恐惧，这个世界一点都不可怕。

你得有迅速做决定的魄力

要想成就大事，你就必须能够迅速做出决定，而且承担这一决定带来的结果。有的人认为可以将决定的事情让别人来做，这样对自己来说风险最小。事实上，要有所作为就必须具备迅速做决定的魄力，而且要自己善于做决定，如果事事让别人做决定，哪怕你身边有个诸葛亮，到最后自己始终是个浮不起来的阿斗。

一个小男孩在外面玩耍时，发现了一个被风吹落地上的鸟巢，鸟巢里滚出了一只嗷嗷待哺的小麻雀，小男孩决定把它带回家喂养。

当他托着鸟巢走到家门口的时候，他忽然想起妈妈不允许他在家里养小动物。于是，他轻轻地把小麻雀放在门口，急忙走进屋去请求妈妈。在他的哀求下妈妈终于破例答应了。

小男孩兴奋地跑到门口，不料小麻雀已经不见了，他看见一只黑猫正在意犹未尽地舔着嘴巴。小男孩为此伤心了很久。但从此他也记住了一个教训：只要是自己认定的事情，决不可优柔寡断。这个小男孩长大后成就了一番事业，他就是华裔电脑名人——王安博士。

优柔寡断的人往往缺少自己的独立思考，甚至有可能是个悲观的人。这种人注定成功的概率会比一般人要小很多。很多时候，机会是稍纵即逝的，不会再敲第二次门，如果此时不抓住机会，以后注定要遗憾，因此千万不要过于优柔寡断。如一个青年喜欢上了一个女子，如果这个青年过于考虑未来家人的感受，未来家庭的发展，等到他考虑成熟或者自信有办法解决问题的时候，估计这个女子已经成为了几个孩子的母亲。

人害怕迅速做决定，其中隐含的问题是做了以后会发生什么？其实任何决定都是有风险的，无论你做出决定，还是别人做出，风险都是存在的。当你对事情认定的时候，你就必须迅速做决定。真正的机会，不会给你太多的准备时间。

做人就要有迅速做决定的魄力，而要具备这种魄力，你就必须不断提高你对事物的判断力，你要有常识，要有感觉，这需要日积月累的努力。正是这种常识和感觉，造就了很多十分伟大的人物。

只要爬起来比倒下去多一次，那就是成功

人生难免会经历很多的跌倒，但是成功者都是爬起来的人。事实上，成功就等于爬起来比倒下去多一次，就是这么简单。有的人或许不这么认为，他们以为爬起来以后还是会跌倒，这是永无止境的循环。事实上，成功者的人生是个螺旋上升的过程，在这螺旋上升中有跌倒，但总是能爬起来。即使有下一次的跌倒，那也绝对不会是低级错误的重复。

丹尼尔·卢迪是一位富于鼓动性的演说家。

卢迪在伊利诺伊州乔列特长大，从小就耳闻圣玛丽大学的神奇传说，梦想有一天去那儿的绿茵场踢足球。朋友们对他说，他的学习成绩不够好，又不是公认的体育好手，休要异想天开了。因此，卢迪抛弃了自己的梦想，到一家发电厂当工人。

不久，一位朋友上班时死于事故，卢迪震骇不已，突然认识到人生是如此短暂，以致你很可能没机会追求自己的梦。

1972年，他在23岁时读印第安纳州圣十字初级大学。卢迪在该校很快修够了学分，终于转入圣玛丽大学，并成为帮助校队准备比赛的"童子军队"的一员。

卢迪的梦想很快要成真了，但他却未被准许比赛穿上球衣。翌年，在卢迪多次要求后，教练告诉他可以在该赛的最后一场穿上球衣。在那场比赛期间，他身着球衣在圣玛丽校队的替补队员席就座。看台上的一个学生呐喊道："我们要卢迪。"其他学生很快一起叫喊起来。在比赛结束前27秒钟时，27岁的

卢迪终于被派到场上，进行最后一次拼抢。队员们帮助他成功地抢到那个球。

17年后，卢迪在圣玛丽大学体育馆外的停车场。一个电影摄制组正在那儿，为一部有关他的生平的电影拍外景。

做人就不要害怕失败，不要把自己困守在一个自认为安全的角落里，要善于走出去，要善于去冒险，要不害怕失败，在失败中不断汲取前进的力量，最后走向成功，只要你爬起来比跌倒多一次，你就成功了。所以当下次你跌倒的时候，你要毫不犹豫地爬起来。

弱者在挫折面前崩溃，强者让挫折崩溃

挫折谁都会遇到，弱者在挫折面前崩溃，而强者让挫折崩溃。有的人往往看到大多数人都在挫折面前停步，甚至崩溃，于是认为这世界上真正能成功的永远是少数有特殊才能的人，但事实不是这样的。

1832年，当时有一个人失业了，伤心之下，他决心要当政治家，当州议员，糟糕的是他竞选失败了。这对他来说无疑是雪上加霜。于是他着手自己开办企业，可一年不到，这家企业又倒闭了。在以后的17年间，他不得不为偿还企业倒闭时所欠的债务而到处奔波，历尽磨难。他再一次决定参加竞选州议员，这次他成功了。他内心萌发了一丝希望，认为自己的生活有了转机："我可以成功了！"

第二年，他订婚了，但离结婚还差几个月时，未婚妻不幸去世。这对他精神上的打击实在太大了，他心力交瘁，数月卧床不起，得了神经衰弱症。1838年，他觉得身体状况好一些了，于是决定竞选州议会议长，结果失败了。1843年再次参加竞选国会议员，又一次失败。

要是你处在这种情况下会不会放弃努力？但他没有放弃，他也没有说："要是失败会怎样？"1846年，他又一次参加竞选国会议员，终于当选了。

两年任期很快过去了，他决定要争取连任。他认为自己的表现是出色的，相信选民会继续选举他。但结果很遗憾，他落选了。而且还赔了很大一笔钱，他只能申请当本州的土地官员，但州政府却把他的申请退了回来，上面指出："做本州的土地官员要求有卓越的才能和超常的智力，你的申请未能满足这些要求。"

然而，他没有服输。接着又是三次的失败。

这个在九次失败的基础上赢得两次成功的人正是亚伯拉罕·林肯，他一直没有放弃自己的追求。他一直在做自己生活的主宰。1860年，他当选为美国总统。

做人就要善于在挫折中寻找前进的力量，不要让挫折成为自己生命的主宰，而要让自己主宰着挫折。挫折给人带来的心理影响远远大于实际影响，如果我们有更强大的内心，那么挫折在勇敢面前自然显得卑微，甚至这种勇敢可以修复挫折所带来的实际影响。我们生活的大多数人，虽然往往向挫折低头，但是我们从来就没有停止对向挫折挑战的"堂吉诃德"的崇敬和欣羡。

像求生一样渴求成功

你对成功的渴求有多大，你成功的可能性就有多大。有的人认为成功不过是一个人碰到了机遇。他们没有注意到，很多人都碰到了一个机遇，但是永远只有最渴求成功的人能够把机遇牢牢地抓在手中。

有个年轻人想向苏格拉底学知识。苏格拉底就把他带到一条小河边，和他一道跳入水中。

刚一下水，苏格拉底就把他的头摁到了水里，年轻人本能地挣扎出水面，刚一露出水面，又被苏格拉底再一次死死地摁到了水里。这一次，年轻人可顾不了那么多了，死命地挣扎，出了水面后就哗啦哗啦地往岸上跑。跑上岸后，他打着哆嗦对大师说:"大、大、大师,你要干什么?"

苏格拉底理也不理这位年轻人就上了岸。当他转身远去的时候,年轻人感觉好像有些事情还没有明白。于是,他就追上去对苏格拉底说:"大师,恕我愚昧,我还是不明白您刚才的举动是什么意思,能否请您指点一下?"苏格拉底看那年轻人还挺虚心的,于是对年轻人说了一句很有哲理的话。他说:"年轻人,如果你真的要向我学知识,你必须有强烈的求知欲望,就像你有强烈的求生欲望一样。"

如果我们像想获得生命安全一样去渴求成功,我们会形成一种什么样的力量?因为渴求生命的安全,我们就有一种勇气去应对任何困难,我们甚至还有一种勇气去冒险,去做一些平时处于安逸状态下的我们绝对不会做的事情。而正是这些事情蕴藏着极大的机会,相当一部分成功者就是抓住了这种机会而取得成功的。

事实上,今天的创业者很多人是被"逼上梁山"的,因为他们没得选择了,为了生存,为了家人,为了责任,他们必须做这个选择。当他们做这个选择的时候,他们固然考虑到要承担巨大的风险,但是有机会总比没有机会要好,死马当做活马医,这种基本判断会左右他们的行为。

做人就要让自己充满着求生的欲望,很多事情,很多习惯要把它当成生命一样来看待,要懂得珍惜,要积极争取,当你珍惜和争取的时候,人成功的可能性顿时会增大很多。

人生的目标自己定,自己实现

一个人的人生目标不是由别人定的,而是由自己定的,毕竟人生的目标不是由别人实现的,而是由自己实现的。有的人往往习惯了让别人定目标,就像孩子从小依赖于父母的选择一样,等长大成人以后依然缺少自己的独立思考。其实在很早的时候，我们就应该为自己确立人生目标。

在半个世纪前，洛杉矶郊区有个没有见过世面的孩子，才15岁，拟了个题为《一生的志愿》的表格，表上列出：

到尼罗河、亚马逊河和刚果河探险；登上珠穆朗玛峰、乞力马扎罗山和麦特荷恩山；驾驭大象、骆驼、鸵鸟和野马；探访马可·波罗和亚历山大一世走过的路；主演一部像《人猿泰山》那样的电影；驾驶飞行器起飞降落；读完莎士比亚、柏拉图和亚里士多德的著作；谱一部乐谱；写一本书；游览全世界的每一个国家；结婚生孩子；参观月球……"

他把每一项编了号，共有127个目标。

当把梦想庄严地写在纸上之后，他开始循序渐进地实行。

16岁那年，他和父亲到佐治亚州的奥克费诺基大沼泽和佛罗里达州的埃弗洛莱兹探险。他按计划逐个逐个地实现了自己的目标，49岁时，他完成了127个目标中的106个。

这个美国人叫约翰·戈达德，获得了一个探险家所能享有的荣誉。

一旦我们确立了人生目标，我们就要坚持不懈地去执行。人生目标如果不执行，那么就是空想。人生目标只有执行的时候，才是真正有价值的。我们要善于寻找人生的目标，要善于在人生目标中寻找到人生的意义，就必须坚定地走下去。

对于一棵树而言，在很小的时候，我们害怕它长弯曲了，往往用绳子束缚着它，矫正它的方向。等长成了大树以后，我们不会再做这样的事情。对于一个人来说，同样是这样，然而有的人因为生活的惯性，他们习惯了别人帮自己定目标，自己去执行；也习惯于活在别人的期许之中，没有自己的价值判断能力，甚至是非判断能力也极为缺乏。

做人就要建立一个价值判断和选择能力，通过价值的判断和选择来不断寻找自己的目标，不断实现自己的想法。

要善于简单思考，成功不喜欢拐弯抹角

成功从来都不喜欢拐弯抹角，往往最简单的思考能够引导最大的成功。有的人会认为一定要思前想后，然后才能行动。事实上很多时候，有些问题是没有必要再进行思考的。比如当你选定了一条路的时候，你完全没有必要去过多思考失败的结局。当我们工作形成了一种好的习惯的时候，也完全没有必要过多思考这种习惯的利弊。思考有些时候会扰乱前进的步伐。

蜈蚣是用成百条细足蠕动前行的。狐狸见了蜈蚣，久久地注视着。心里很纳闷：四条腿走路都那么困难，可蜈蚣居然有成百条腿，它如何行走？这简直是奇迹！蜈蚣是怎么决定先迈哪条腿，然后动哪条腿，接着再动哪条腿呢？有成百条腿呢！于是狐狸拦住了蜈蚣，问道："我被你弄糊涂了，有个问题我解答不了，你是怎么走路的？用这么多条腿走路，这简直不可能！"

蜈蚣说："我一直就这么走的，可谁想过呢？现在既然你问了．那我得想一想才能回答你。"

这一念头第一次进入了蜈蚣的意识。事实上，狐狸是对的——该先动哪条腿呢？蜈蚣站立了几分钟，动弹不得，蹒跚了几步，终于趴下了。它对狐狸说："请你再也别问其他蜈蚣这个问题了，我一直都在走路，这根本不成问题，现在你把我害苦了！我动不了了，成百条腿要移动，我该怎么办呢？"

最后蜈蚣被别的蜈蚣抬回了家。

人要学会简单思考，现代人一个最大的毛病就是思考太多。这种过多的思考成为了很多人一生的制约，限制了其事业的高度，限制了其发展的空间。因为，通过思考，他们往往给自己设定了很多框架，然后在这个框架里面跳不出来。

做人就要从思考入手，只做有价值的思考，而不要去做一些无谓的思考，避免将自己陷入困难的境地。

为成功受苦的人没有时间流泪

一个为成功受苦的人是没有时间去流泪的，因为他需要集中时间和精力去继续战斗。有的人往往会停下脚步去安抚自己，痛定思痛，到最后把自己弄得很可怜，把一切变得很被动。有的人正是因为对失败存在着很多复杂的感情，所以才变得优柔寡断。

蛙人的职业是十分辛苦和危险的。但是蛙人的经历却给我们的生活带来了诸多的启示。一个在战斗中的蛙人如果被对手击中了左眼，那么他就应该将右眼睁得大大的，这样才能够看清楚对手，以便回击。如果拿右眼去流眼泪，那么永远都不可能有战胜对手的机会。在生活中也许会有许多的不尽如人意，生命原本脆弱，但是我们所有的人都应该选择坚强，遭遇挫折之时，我们更应该给予自己信心，困苦中是没有时间去流泪的。

当我们处在痛苦之中的时候，我们没有理由去哭泣，我们的哭泣只会让我们丧失战胜痛苦的时间、精力和勇气。我们要成为一个成功的人，就要不断地去战斗，永远地战斗，没有时间为自己流泪，没有时间觉得自己可怜，在自己的人生中，也不存在可怜这个词，胜就是胜了，败了也不可耻，只是说明还需要继续战斗。通过不断的战斗，我们不断地充实自己的力量，最后成为一个成功的人。

当你为失去太阳而流泪的时候，你也将失去群星。你要想不失去群星，你就必须抹干了眼泪，去欣赏生活的美丽。我们每一个人的人生难免会有这样那样的失意：子欲养而亲不待、事业成而妻儿散……太多太多的失意围绕着我们，当我们不能改变这些失意的时候，我们要学会坦然地接受它们。

做人，就不要再流泪，不要再不断地揭开过去的伤疤来可怜自己，不要再拿过去的失败来限制自己，相反你要去积极地做事情，只有你不断地去尝试，只有你不断地去努力，你才有翻盘的机会，否则不过是个可怜虫而已。可怜虫即使能够博得别人的同情，但是最终无法博得别人的尊重。

你得相信自己一定能行

每一个人都是自己的救世主，你不断地相信自己能行的时候，你会发现自己真的能做很多事情，很多事情累积起来就是一个奇迹。当你不断地否定自己，认为自己不行的时候，你会发现自己什么都做不了，连那么简单的东西都没有办法完成，最后累积起来就是一个失败的人生。但是，一个人的心理暗示不是自我欺骗。自我欺骗，无论你相信也好，你不相信也好，最后的结果肯定是假的。但是心理暗示，如果你相信，最后的结果就是真的，如果你不相信，最后的结果就是假的。

非洲的一个部落酋长有三个女儿，前两个女儿既聪明又漂亮，都是被人用九头牛作聘礼娶走的。在当地，这是最高规格的聘礼了。第三个女儿到了出嫁的时候，却一直没有人肯出九头牛来娶，原因是她非但不漂亮，还很懒惰。后来一个远乡来的游客听说了这件事，就对酋长说："我愿意用九头牛换你的女儿。"酋长非常高兴，真的把女儿嫁给了外乡人。

过了几年，酋长去看自己远嫁他乡的三女儿。没想到，女儿能亲自下厨做美味佳肴来款待他，而且从前的丑女孩也变成了一个气质超俗的漂亮女人。酋长很震惊。偷偷地问女婿："难道你是巫师吗？你是怎么把她调教成这样的？"酋长的女婿说："我没有调教她，我只是始终坚信你的女儿值九头牛的聘礼，所以她就一直按照九头牛的标准来做了，就这么简单。"

我们每一个人都要去做"九牛之人"。真正向往高贵的人，绝对不会卑微，当然也不可能变得傲慢；真正向往学问的人，即使不能学富五车、才高八斗，但是他会透出一种气质，这种气质有时让人无法抗拒。你必须永远地给自己一种积极的暗示，这种积极的暗示很多时候就是你想成为什么样的人，你想做什么样伟大的事情。千万不要把自己想得很卑微，千万不要认为自己能做好眼前的事情就已经很不错了。这种想法会限制你的成就。

做人就要永远相信自己一定能行，相信自己一定能做出一番事业来，相信自己就是最好的，相信舍我其谁。

虚心求教可以，但不要丧失独立思考

你永远都没有办法让所有人满意，你也绝对没有必要让所有人满意。你可以有一份仁善的心，但是这种心绝对不是让所有人满意。我们看看古圣先贤，从来就没有让所有人满意的，武王伐纣还有伯夷叔齐坚决反对，孔子还被看成"累累如丧家之犬"。为此，我们不能追求心灵上的那种完美，你是什么样的人，你就能吸引什么样的人。你想吸引什么样的人，你就要成为什么样的人。你必须有自己的独立思考，不丧失自己。即使向别人虚心求教，你也是为了实现自己的独立思考。

有一位画家想画一幅人见人爱的画。画完之后，将画拿到市场上去展出，他在画旁放了一支笔，并附上说明：每一位观赏者，如果认为此画有欠佳之笔，均可在画中做记号标出。

晚上，画家取回了画，发现整个画面都涂满了记号，没有一笔一画不被指责。画家十分不快，对这次尝试深感失望。

画家决定换一种方法去试试。他又摹了同样的一幅画拿到市场上去展出。这次，他要求观赏者将最为欣赏的妙笔都标上记号。当画家再取回画时，他发现画面又涂满了记号，一切曾被指责的笔画，都被换上了赞美的标记。"哦？"画家不无感慨地说道，"我现在发现了一个奥秘，那就是：不管干什么，只要使一部分人满意就够了。"

当你把大量的时间和精力用于让所有人满意的时候，你将会存在丧失自我的风险。而让所有人满意很多时候都是水中的月亮，看着光洁无比，令人欣羡，但你永远得不到，也没有一个人能得到。

其实如果有那么一部分人赞同你，你就已经很了不起了，甚至只需要一小部分人赞同你，你就已经能够成就非凡了。因为真理往往掌握在少数人手中，我们来看看让所有的人满意是多大的陷阱！多少有才华有抱负的人陷入其中！

做人一定要有自己的独立思考，不要依赖于别人的眼光来做判断。通过自己的独立思考，进而形成自己的价值体系，这对具有独立人格的每一个人来说，都很重要。我们没有办法让别人代替我们思考，别人也没有义务和能力代替我们思考。

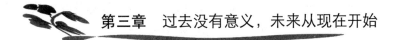

第三章　过去没有意义，未来从现在开始

过去的一切已经过去了，没有任何意义。未来的还没有开始，我们不能停留在憧憬，我们必须用现在的行动，创造更好的未来。

环境在变，人不能抱残守缺

别人在进步，如果我们不进步，或者进步的速度没有别人的快，那我们就是在退步。有的人总认为这世界上有一劳永逸的事情，一步领先，从此以后可以坐享其成。事实上，我们真能够这样吗？看看那些取得成功就自满的人的结局吧！环境在变，自己不跟着环境变，躺在自己过去的成绩上面睡大觉的人，向来都没有好下场。我们不能自鸣得意于自己的抱残守缺。

一匹狼吃饱了，安逸地躺在草地上睡觉，另一匹狼气喘吁吁地从它身边经过。这使它十分惊奇，"你为什么没命地奔跑呢？"

那匹狼说："听说狮子来了。"

"狮子是我们的朋友，有什么可怕的呢？"躺着的狼说道。

"听说狮子跑得很快！"

"跑得快又有什么了不起的呢，追一只羚羊用不了多大力气！"那匹狼还要说什么，它却不耐烦地摆了摆手说："行了行了，你去跑你的，我要睡觉了。"

那匹狼摇了摇头就走了，它却继续睡它的大觉。

后来，狮子真的来了，只来了一只，然而由于狮子的到来，整个草原上的羚羊奔跑速度变得极快。这匹狼不再那么容易得到食物，不久便饿死了。死时它不住地抱怨，是狮子破坏了它宁静的生活。

环境在变，我们一定要跟随着环境做积极的改变，而不能一成不变。对于过去的成功和失败，我们都应该看作是自己未来的垫脚石，都是为未来做准备的。如果成功了之后不思进取，那么这样的成功是误了自己；如果失败了以后，能够卧薪尝胆，那这样的失败也是有积极意义的。我们很多时候太注重自己成功和失败的主观感受，而没有真正体会成功和失败的意义，以及未来的路。

我们要追求持续的成功，而不是一时间的享受。对于我们每一个人来说，一生匆匆数十载，如果从最后人生归宿来看，毫无疑问我们每一个人都是失败者，我们无论用尽多少财富和精力都无法永续我们的生命。为此，人生的意义就是在这短短的一生中做尽可能多成功的事情，为此人生的真谛就在于永不停歇的追求。

做人，就是要让自己的行动随着环境不断地改变，不断地适应环境，只有当自己的行动适应了环境，人才会有更多的机会，才会获得更加积极有意义的人生。

不要用老眼光看别人

你很熟悉一个人，这并不代表什么，人是会变的。我们不要用老眼光去看待别人。有的人看待别人从来都不会改变，他们让自己的第一印象根深蒂固，总不相信一个人会有什么改变。事实上，在我们生活中，我们每一个人每天都在发生量的改变，等到积累多的时候，我们就会发生质的改变。那个时候，我们已经不是吴下阿蒙了，自然会让别人刮目相看。

在中国历史上，赵国在与秦国的作战中屡战屡败。公子平原君计划向楚国求救，打算从门下食客当中挑出文武兼备的人物与他同行，结果挑选出19位，还差一位没有选出。平原君一筹莫展，这时有个叫毛遂的人自我推荐，要求加入。

平原君大为惊讶，就对毛遂说："凡人在世，如同锥子在袋子里面，若是锐利的话，尖端很快就会戳穿袋子，露在外面，而人会出人头地。可是，你在我门下三年了，一向默默无闻，是不是你没有崭露锋芒的机会呢？"

毛遂回答说："我之所以没有用武之地，就是因为我一向没有机会，如果把我放在袋子里面，不仅尖端，甚至连柄都会露到外面。"

平原君认为毛遂的话言之有理，就让他加入行列，凑足了20人，前往楚国求救。到了楚国后，毛遂大展锋威，协助平原君成功地完成了任务。其余食客都望尘莫及，自愧不如。

对于过去曾经对不起你的人，或者你看不起的人，你要善于用发展的眼光看待他们。我们要善于听对方怎么说和看对方怎么行动，而不要拘泥于自己的判断。事实上，很多时候我们不愿意去进一步了解别人，但是我们仍习惯用老思维和过去的看法去看待别人，这本身就是一个很矛盾的事情。其实，很多时候，别人都已经改变了很多，而自己观念没有随之改变，自然就显得落后了。

平时与人交往的过程中，我们要善于给别人机会，不要总认为别人这个不行，那个不会。很多时候，正是由于我们的短视，失去了很多的朋友，也永远失去了别人对自己的尊重。

做人，应当用发展的眼光去看待别人，要善于相信别人的言语和行动，而不要总是凭借自己的判断。很多时候我们的判断是错误的，或者是带有极大偏见的，我们不能让这样的错误来左右行动。

摒弃过去，善于尝试用新方法

过去十年最成功的经验，可能是未来十年最致命的因素。有的人也许会觉得这有些危言耸听。事实上，无论观察个人还是观察企业，我们都能发现很多人和企业的优势最后却成为了自己致命的弱点，自己在优势上逐渐落伍了，而且再也没有改进的机会。为此，我们要学会摒弃过去，善于尝试用新的办法来解决我们遇到的问题。

有两只鸵鸟感到非常绝望，每次它们蹲坐在它们生下来的蛋上，它们身体的重量就把蛋压碎了。

有一天，它们决定去向他们的父母请教，它们的双亲居住在大沙漠的另一边。

它们跑了好多个日日夜夜，最后到达它们老母亲的巢。

"妈妈，"他们说，"我们来向您请教该怎样孵我们的蛋，每次我们一坐在它们上边，它们就破碎了。"

它们的母亲听完了他们的话，回答道："你们应该用另一种温暖。"

"那是什么？"年轻的鸵鸟问道。

于是，它们的母亲告诉它们："那就是心灵的温暖，你们应该以无限的爱望着你们的蛋，心里想着它们每一个里面细小的生命正在成长，警觉和耐性会令他们醒来的。"

两只年轻的鸵鸟动身回家，当那雌鸟生下一只蛋，它们就满怀爱心地守望着它，从不放松警惕。当它们两个都精疲力竭之际，那蛋开始咯哒咯哒作响，裂了开来，一只小鸵鸟从蛋壳里探出头来了。

鸵鸟最初的孵蛋是他们学来的经验，但是这种很多家禽都尝试过的成功经验，并不适合鸵鸟蛋的孵化，为此鸵鸟善于学习，尝试用新的办法来解决问题。但在现实生活中，有很多人在这一点上比鸵鸟做得还差，他们始终自以为是，认为自己的办法就是最好的，他们觉得自己不需要学习别人。真正伟大的人物，比如牛顿，是站在巨人的肩膀上才有所成就的。为此我们一定要学会开放心态，向别人学习，不断尝试新的办法，而不是局限于老办法。

做人，要善于向别人学习，学习最好最实用的办法，这样可以最大限度地提高效率，实际上是延长了我们的生命。我们身边会看到有些人始终活在自己一个落后的方法之中，最后一事无成。

生活制造了苦难，但没有泯灭希望

生活总是不断地制造着苦难，不断地考验我们的毅力，促进我们不断地成长，但是从来没有泯灭掉希望。有的人一旦遇到苦难，总觉得上天不公，感觉自己怀才不遇。事实上，困难正是上天赐予我们的财富，很多人的精神和能力都是在苦难中形成的，最后成为了他们一生的资本。

如果有谁向我们说：一个中枢神经残废，肌肉严重萎缩，失去了行动能力，手不能写字，话也讲不清楚，终生要靠轮椅生活的青年，凭借一个小书架，一块小黑板，还有一个他以前的学生做助手，竟然在天文学的尖端领域——黑洞爆炸理论的研究中，通过对"黑洞"临界线特异性的分析，获得了震动天文界的重大成就。对此，我们一定会感到惊奇，然而，这却是不容置疑的事实，他为此还荣获了1980年度的爱因斯坦奖金。

他的名字叫史蒂芬·霍金。史蒂芬·霍金是个英国人，当时只有35岁。更有趣味的是，作为天文学家，他从不用天文望远镜，却能告诉我们有关天体运动的许多秘密。他每天被推送到剑桥大学的工作室里，干着他饶有兴味的研究工作。

霍金的获奖，赢得了科学界公认的理论物理学研究的最高荣誉。就是体魄健全、研究工作条件一流的理论物理学的研究工作者们，又能有几个获得这样的殊荣？

我们是否有比霍金还让人悲痛的苦难？为什么霍金能够做到伟大，而我们却做不到？事实上，生活给了我们太多的眷顾，让我们不明白什么是苦难，让我们沉湎于现在的享受，没有真正地成长为这个社会所需要的栋梁之材和精英，没有真正地体现自己的价值，结果到最后荒废了自己的一生。当我们处在逆境的时候，我们一定要奋起；当我们处于顺境的时候，我们更是要居安思危。生活从来没有一劳永逸的事情，当你沉湎于现在的舒适生活的时候，你也一步步滑向未来的局促。生活就是处于这种不断的转化之中，但无论生活多么苦难，都从来没有关掉希望的门。只要你愿意思考，只要你愿意努力，你就一定有希望。

做人，要正确看待生活的苦难，苦难能让我们更快地成长，更快地成熟，更快地肩负起这个社会的责任。当你觉得苦难实在无法承受的时候，你一定要大声对自己说：生活制造了苦难，但是从来没有泯灭希望。然后，接下去的事情就是去寻找自己的希望，它也一定在等着你。

不要沉湎于过去，不妨多关心身边的人

我们每一个人都有过去，都有无法释怀的哀痛。爱人的离去，亲人的离世，都让我们心中充满着遗憾和怀念。有的人也许将自己一辈子的光阴都用在了深深的怀念和自怨自艾上。这种做法，不但于事无补，而且也不是离开的人想看到的，如果他（她）真的还那么关心你的话。对于已经无法改变的过去，不妨放弃缅怀，而用更多的时间和精力去关心身边的人。

一位上了年纪的老妇人开车来到墓地，看她死去的儿子并为他献花。

医院已经证实，她得了绝症，她想在临死之前亲自来看一看儿子。守墓人对妇人说："您一连几年寄钱托我给您的儿子献花，我总觉得可惜。"

妇人困惑地看着守墓人。

守墓人继续说："鲜花搁在那儿，几天就干了，没人闻，没人看，太可惜了！而孤儿院里的那些人，他们很爱看花，爱闻花，那都是活着的人。"

妇人没有作声。几个月之后，妇人又来到墓地，焕发着光彩，她对守墓人说："我把花都给孤儿院的人了，你说得对，他们很高兴，我的病也好转了。医生不明白是怎么回事，可是我自己明白，我觉得活着还有些用处。"

缅怀就像鸦片一样，是能让人上瘾的精神状态，它对人精神的破坏力丝毫不比鸦片逊色。要解开一个人曾经的心结，有些时候恐怕难上加难，即使这个人明白缅怀毫无意义。其实确实如此，缅怀毫无意义，过去的就让它过去，不能让它影响到现在的生活。如果那个离开的你的人知道你精神如此低迷的话，如果他（她）真的还关心你的话，他（她）一定会伤心的。如果他（她）

已经不关心你了，那么你这种状态自然也不会得到任何同情。

在生活中，很多事情我们都身不由己，我们要做一个真实的人，做一个重视感情的人，其前提就是活在当下。如果一个人总是活在过去的阴影之下，进而不关心身边的人，别人是无法理解的，这自然也更加深自己的病态。

做人，就从这刻做起，当你陷入一件往事不能自拔的时候，你就拼命地做事，不让自己有过多的时间去思考，等这种状态持续了一段时间，自然就不会有哀痛的感觉。多关心身边的人吧，你会更加积极和健康！

人不可能永远在温室里长大

温室里永远长不出参天大树，就像我们何曾看到娇惯下养出真正的男儿？一个人的环境好，生活优越，很多时候不但不会帮助这个人成长，相反会让这个人显得更加柔弱。有的人会说这是吃不到葡萄说葡萄酸。朱门出浪子，茅屋礼贤才，自古以来，都是这样。我们要想长成参天大树，要想成为这个社会的栋梁之材，我们就不要把自己放在温室里，就不要过于追求一个舒适的环境，而要让自己离开各种"温室"，去迎接暴风雨的洗礼。

有一朵看似弱不禁风的小花，生长在一棵高耸的大松树下。小花非常庆幸有大松树成为它的保护伞，为它遮风挡雨，每天可以高枕无忧。

有一天，突然来了一群伐木工人，两三下的工夫，就把大树整个锯了下来。

小花非常伤心，痛哭道："天啊？我所有的保护都失去了，从此那些嚣张的狂风会把我吹倒，滂沱的大雨会把我打倒！"

远处的另一棵树安慰它说："不要这么想，刚好相反，少了大树的阻挡，阳光会照耀你、甘霖会滋润你；你弱小的身躯将长得更苗壮，你盛开的花瓣将一一呈现在灿烂的日光下。人们就会看到你，并且称赞你说，这朵可爱的小花长得真美丽啊！"

生活的暴风雨，我们每一个人都有可能遇到。当你用一种积极的心态去迎接暴风雨的时候，暴风雨就不再是暴风雨，而是成长的食粮。对于生活造成的种种苦难，很多时候都逃不掉避不了，其实我们也无须逃避。艰难困苦，玉汝于成，自古成大事的人，哪一个没有经历过苦难，正如司马迁所认识到的一样，能成就大事的人往往经历了极大的痛苦和委屈，而司马迁也一样，宫刑没有打垮这个真正的大丈夫，一本《史记》让他名垂千古，成为人类永远的楷模。

做人，要学会正确对待困难，不要把苦难当成瘟疫，避之唯恐不及。苦难发生的时候，如果我们没有办法避免，就让我们拿起武器去战斗，我们这个社会需要真正的战士，苦难也只向真正的战士低头。

成为什么样的人是自己决定的，和过去关系不大

一个人想成为什么样的人，固然会受到过去的影响，但是归根到底是由自己决定的，和过去关系不大。有的人往往认为一个人的过去决定了未来，甚至将一个人的成败归结为宿命。其实，我们个人的主观能动性很大，足以为自己创造一个崭新的未来。无论过去自己是什么，无论自己命运有多么艰难，只要自己善于思考和认真努力，就一定能够改变自己的命运。

一个人嗜酒如命且毒瘾甚深，有好几次差点把命都送了，因为在酒吧里看不顺眼一位酒保而杀了人被判死刑。

这个人有两个儿子，年龄相差一岁。其中一个跟父亲一样有很重的毒瘾，靠偷窃和勒索为生，也因犯了杀人罪而坐牢。另外一个儿了可不一样了，他担任一家大企业的分公司经理，有美满的婚姻，有三个可爱的孩子，既不喝酒更未吸毒。

为什么出于同一个父亲，在完全相同的环境下长大，两个人却又有着不

同的命运？在一次访问中，记者问起造成他们现状的原因，二人竟是同样的答案："有这样的父亲，我还能有什么办法？"

我们生活中有很多成功人士让我们感到惊讶。有被学校开除的爱因斯坦，有被老师嘲笑不可能成功的二月河……一个人的命运并不是早已注定的，也不是被别人所决定的。一个人的命运最终决定者是自己，一个人成就有多大，很大程度上取决于自己所信仰的东西，当你坚信自己一定能够成功的时候，你就真的取得了成功。因为你的坚信，会让你调动全部的资源去获取成功，当你用这么大的决心和毅力做事情的时候，成功自然是属于你的。

我们要善于把命运掌握在自己的手中，而不是掌握在别人的手中，或者放在别人的眼中。即使你真的相信命中注定，人的命格也是可以通过努力来改变的，我们的生活正是通过我们不断的改变而变得丰富多彩，我们每一个人也正是通过不断地超越自己而获得巨大成就。

做人，要求我们每一个人都不要受到过去的局限，过去怎么样我们没有办法改变，但是过去同样也没有办法改变我们对生活对未来的信仰。

悲痛无补于事，不妨将心打开

每一个人都有自己的悲痛。当你感到悲痛的时候，不妨将心打开，让心接受到阳光，自然会感觉到希望和积极。有的人一旦感到悲痛，往往将自己的心关上，久久不让它打开，最后把自己变成一个极端忧郁的人。这种做法让悲痛成为了自己极大的负担。生活中，并不是只有我一个人才遭受到苦难，也不是我一个人的苦难最重。生活中绝大多数人都遭受着苦难，而且大多数人的苦难比自己更重。当你有这种想法的时候，你就不会自怨自艾，不会把自己放在可怜的眼泪里。

一个老妇人唯一的儿子生病死了，她非常悲伤，便请教大师："你知道有什么方法能使我的儿子复活吗？"

大师说："我有办法，但你要先去找一杯活水给我。这杯水必须来自一个从来没有痛苦的家庭。有了这杯水我就可以救活你的孩子。"老妇人听了十分高兴，立即去寻找这杯水。可是无论她到乡村或城市，她发现每一个家庭都有他们自己的痛苦。

最后，这个老妇人变成了为安慰别人的痛苦而忙碌的人，在不知不觉中早已忘了找水的事。就这样，在她热心的付出中，丧子的哀伤悄悄离开了她。

家家有本难念的经，人人都会经历悲痛。在这种时候，我们不说一定要化悲痛为力量，至少我们要明白，苦难已经造成，我们已经无法挽回，我们唯一能做的就是当下的事情。而要做好当下的事情，就必须把自己的心打开。我们是宇宙的一粒尘埃，渺小到几乎可以忽略不计，自己的苦难，自己的悲痛，放到宇宙，放到天下，就不再是苦难，也不再是悲痛。我们要做的事情就是更加积极，就是要尽量再避免这样的苦难发生。我们要做的事情就是继续坚持自己的积极乐观，坚持自己人生的追求和信仰，让自己不断地去做有意义的事情，通过有意义的事情来化解自己的心结。

做人，就要学会把心打开，只有把心打开了以后，你才能够接受社会，接受别人，最终也才能够接受自己。永远都不要把自己放到可怜堆里，只有弱者才需要可怜和同情，真正的强者是不需要的。

一切都会过去

一切都会过去，是人生的至理名言。无论伟大的、还是卑微的，无论成功的、还是弱小的，一切的人都会过去。由这些人所打造的事情，也将雨打风吹去，不留一丝痕迹。有的人或许因此认为人生没有意义，于是做一天和尚撞一天钟，反正最后一切都会过去的。事实上，一切都会过去的意义正在于摒弃这种思想。

一位伟大的国王一天晚上做了一个梦。一位先人在梦里告诉了他一句话，这句话涵盖了人类所有的智慧——让他高兴的时候不会忘乎所以，忧伤的时候能够自拔，始终保持勤勉，兢兢业业。

但是，国王醒来以后，却怎么也想不起那句话来。于是他召来了最有智慧的几位老臣，向他们说了那个梦，要他们把那句话想出来。他还拿出一颗大钻戒，说："如果想出那句话来，就把它镌刻在戒指上面。我要把这颗戒指天天戴在手上。"

一个星期以后，几位老臣来送还钻戒。上面已刻上了这样一句话：

"一切都会过去。"

不要担心最后的成功和失败，也没有必要患得患失，一切都会过去。既然最终一切都会过去，我们就要学会选择一种更高质量的生活。显然，做一天和尚撞一天钟不是我们的选择，这种选择是颓废的，会让我们的生活陷入困顿之中。正因为一切都要过去，所以我们在今天更要积极努力，我们不要担心自己的努力会得到什么，既然最后一切都会过去，我们今天的担心就是多余的。但是我们还是要继续努力，我们要享受这个努力的过程，我们要通过努力来改变自己的生活，来改变自己的状态，这个过程本身就是其乐无穷的。只要一个人处于奋斗的状态，那他就永远年轻，永远朝气蓬勃。

有些时候，我们很多人都思考过多。想人生的意义，寻找人生最后的归宿，到最后往往变得郁郁寡欢，觉得一切也不过如此。这种状态对于绝大多数人来说是可悲的，即使同样是在沙滩上晒太阳，成功的人和萎靡不振的人心态是绝对不同的。

做人就要善于从"一切都会过去"中寻找生活的智慧，我们要勇敢，我们不要患得患失，我们要永远处于奋斗的状态。

不能选择处境时，还可以选择心态

很多时候，我们的处境是我们没有办法选择的。但是我们没有必要因此而失去希望，我们还可以选择自己的心态。有的人往往在处境面前无能为力，只是等待一个机会将其解脱出来。等到机会真的来临的时候，他已经习惯了那样的生活。每当我们不能选择处境的时候，我们一定要选择积极的心态，这样才不会让我们堕入到平庸的生活之中。

著名哲学家周国平写过一个寓言，说一个少妇去投河自尽，被河中划船的老艄公救上了船。

艄公问："你年纪轻轻的，为何寻短见？"

少妇哭诉道："我结婚两年，丈夫就遗弃了我，接着孩子又不幸病死。你说，我活着还有什么乐趣？"

艄公又问："两年前你是怎么过的？"

少女说："那时候我自由自在，无忧无虑。"

"那时你有丈夫和孩子吗？"

"没有。"

"那么，你不过是被命运之船送回到了两年前，现在你又自由自在，无忧无虑了。"

少妇听了艄公的话，心里顿时敞亮了，便告别艄公，高高兴兴地跳上了对岸。

我们很多人都是从一无所有逐渐起步，然后有了一些成就，现在在追求更大的成就。要想有更大的追求，就难免会遇到挫折。在这种时候，一定要选择好参照系，当遇到挫折的时候，千万不要自暴自弃。我们要将受到挫折的处境和自己曾经一无所有的处境进行对照，曾经那么艰难的日子都能过来，今天这点挫折又算得了什么。昨天我们获得了成功，今天最多不过是退回到了原点，我们还可以通过自己的努力，东山再起，卷土重来。只要我们不断地在积极尝试，就一定有取得大成功的机会。只有那些不再努力的人才永远都不会取得成功。

做人，就要学会选择心态。一个人端正了自己的心态，就拥有了较为广阔的心胸，心胸的广阔程度直接决定了未来事业的宽广程度。我们永远都不要让心态成为自己的敌人，而应该让它成为自己的朋友，帮助自己持续地走向成功。

不要为了过去的完美而制造更大的缺憾

人生没有完美。即使是过去以为的完美，到最后也会被环境所打破。我们曾经引以为豪的东西，最后不但没有成为我们的骄傲，反而成为了自己的负担。有的人追求完美，不允许生活有半点瑕疵。这种人往往因为生活的一点小缺憾，而失去了自己所拥有的一切。

一位牧牛人，拥有250头牛。他每天都会到一个水草丰足的旷野放牛，让牛群悠哉悠哉地吃草、喝水。

有一天，忽然跑出一只老虎，咬死了一头牛，这250头牛，因此少了一头。牧牛人万念俱灰，他觉得少了一头牛，对他来说，已经不完美了，为此，他心中很懊恼，一直耿耿于怀！

过了几天，他觉得少了一头牛，已经不是原来的250头，那其余249头牛，又有何用呢？于是就将剩下的249头牛赶落悬崖，那群牛就这样全被他杀死了。

绝大多数人都会觉得牧牛人很傻，但是在生活中我们很多人何尝不是和牧牛人一样。当生活中遇到一点挫折的时候，我们往往自暴自弃，把自己的生活弄得一团糟。

曾经有一个青年，因为爱人的离去，他变得消极和孤僻，他对生活失去了乐趣，充满着忧郁，感觉到生活暗淡无光，自己的生存都存在问题，更谈不上未来的发展。有一天，他遇到了一个智者，智者知道了他的故事，对他说："那个离开你的女孩真是幸运，她没有选择一个像你这样容易自暴自弃的人。"年轻人若有所悟，智者接着说："那个女孩又何其不幸，她失去了一个这么深爱他的人，而你只不过失去了一个不爱你的人。"青年似乎感觉茅塞顿开。

不管这个青年最终有没有走出自己的误区，我们都应该看到道理就在其中。过去的完美，过去所拥有的一切，只能代表过去，跟现在没有太多的关系。我们不能因为过去的完美不复存在了，我们就牺牲当下的生活。对我们每一个人来说，真正有意义的就是当下的生活，就是现在和眼前。

做人，要学会接受现实，不要过于追求完美，更不要为了往事而自暴自弃，最后造成更大的缺憾。

不能在过去的荣誉上躺着睡觉

荣誉属于过去，未来从现在开始，只有不思进取的人才躺在过去的荣誉上睡觉。真正有理想、想做事的人绝对不会把过去的荣誉当成负担。

居里夫人是一位原籍波兰的法国科学家。她和她的丈夫皮埃尔·居里都是放射性的早期研究者，他们发现了放射性元素钋和镭，并因此与法国物理学家亨利·贝克勒尔分享了 1903 年的诺贝尔物理学奖。之后，居里夫人继续研究了镭在化学和医学上的应用，并且因分离出纯的金属镭而又获得 1911 年的诺贝尔化学奖。

居里夫人天下闻名，但她既不求名也不求利。她一生获得各种奖金 10 次，各种奖章 16 枚，各种名誉头衔 117 个，但全都毫不在意。有一天，她的一位朋友来她家做客，忽然看见她的小女儿正在玩英国皇家学会刚刚颁发给她的金质奖章，于是惊讶地说："居里夫人，得到一枚英国皇家学会的奖章，是极高的荣誉，你怎么能给孩子玩呢？"居里夫人笑了笑说："我是想让孩子从小就知道，荣誉就像玩具，只能玩玩而已，绝不能看得太重，否则就将一事无成。"

正是这种对待过去荣誉的态度，继居里夫人和她的丈夫获得诺贝尔奖之后，居里夫人的女儿伊伦娜与其丈夫约里奥因发现人工放射物质而共同获得诺贝尔化学奖。

荣誉永远属于过去，当你躺在荣誉上睡觉的时候，荣誉就已经成为了负担。很多时候，别人奖励自己的话，如果看成是荣誉的话，我们是没有理由因此而飘飘然的，相反我们应该更加努力，不辜负别人，也绝对不辜负自己。真正能取得持续成功的人士，很少会在过去的荣誉上停滞不前，他们把荣誉看成是对自己的鼓励，通过这种鼓励让自己不断地前行。

做人，一定要有正确的荣誉观。我们固然希望获得荣誉，但是如果荣誉成为了我们前进的阻力，让我们无法前行的时候，我们更应该反省自己，反省荣誉的真正价值所在。对于我们每一个人来说，要想获得更大的荣誉，就要不断地前行；而要不断地前行，就要破除荣誉对自己可能产生的负面影响。我们没有理由自满。

一切化为灰烬，正好从头再来

有些时候，生活会给我们造成一些灭顶之灾。我们辛辛苦苦取得的成就，甚至是一生的成就，都有可能在瞬间化为灰烬。有的人或许因此而痛苦不已，不能自拔，或者盘算着如何安享晚年。但真正伟大的人物一定是盘算着如何从头再来。

1914 年 12 月，大发明家托马斯·爱迪生的实验室在一场大火中化为灰烬，损失超过 200 万美金。那个晚上，爱迪生一生的心血成果在无情的大火中付之一炬了。

大火最凶的时候，爱迪生 24 岁的儿子查里斯在浓烟和废墟中发疯似的寻找他的父亲。他最终找到了：爱迪生平静地看着火势，他的脸在火光摇曳中闪亮，他的白发在寒风中飘动着。

"我真为他难过，"查里斯后来写道，"他都 67 岁了，不再年轻了，可眼下这一切都付诸东流了"。他看到我就嚷道："查里斯，你母亲去哪儿了？去，快去把她找来，这辈子恐怕再也见不着这样的场面了。"第二天早上，爱迪生看着一片废墟说道："灾难自有它的价值，瞧，这不，我们以前所有的谬误过失都给大火烧了个一干二净，感谢上帝，这下我们又可以从头再来了。"火灾刚过去三个星期，爱迪生就开始着手推出他的第一部留声机。

当你不能改变生活的时候，你要善于接受。生活无论给你造成了多大的苦难，你都必须将它看成自己前进的动力。一生的心血化为灰烬，只要自己还活着，就还有机会。其实过去的毁灭，何尝不是自我超越的机会，就像爱迪生一样。过去的种种努力都付诸东流的时候，我们也获得了一种超越自己的力量和智慧。我们永远都不要把苦难看得很悲惨，我们固然不希望苦难找到我们，但一旦降临到自己头上，就一定要善于接受，同时要在苦难中不断汲取力量，鼓励自己不断前行。真的，很多时候，我们没有选择放弃的权利，也没有流泪的时间。

做人，要在苦难中不断学习，不断汲取力量和智慧，把苦难当成垫脚石，以便让自己达到更高的高度。

好汉不提当年勇

过去的事情，尤其是荣誉，不需要再提。有的人往往提起当年的荣耀，以证明自己曾经风光过。好汉不提当年勇，否则的话，人容易对生活产生惰性，自我安逸。

人首先应该舍掉的是生活惰性。生活一旦形成惰性，做什么事情都很难有激情。即使下定决心做一件事情的时候，往往一遇到困难就想退回到原来的生活状态之中。这就是如果想毁掉一个人就只需要让他安逸起来的原因了。

有这么一个故事：一年冬天，一个财主在家门口看到一个冻僵的乞丐，财主十分生气，又不好把人家从家门口赶走。于是想出了一条狠毒的计，他请乞丐喝了一杯酒，然后和乞丐打了个赌：如果乞丐能在大街上站上一个晚上，那么他就把家产分一半给他；如果乞丐冻死了，那么就两不相欠。乞丐想了想便答应了。当时天下大雪，外面冻得财主连手都不敢伸出来。他认为乞丐这回死定了，死在大街上总比死在他家门口要强上千百倍。没有想到第二天早上，乞丐还好好活着，而监视乞丐的家丁也证实乞丐一个晚上都站在大街上。财主只好分了一半财产给乞丐。乞丐富有了以后，便如流水般花钱，过着锦衣玉食的生活。过了几年，乞丐把财产挥霍一空，还欠了财主很多债，于是这个时候他来找财主打赌，还是老样子的赌法，如果乞丐赢了，那么债务一笔勾销。财主想了想，反正乞丐也没有钱还，于是同意了。结果上半夜还没有过，乞丐就冻死了。

过去如何荣耀，已经成为过去。永远不要拿过去的成功来证明自己的强大，这正好是虚弱的表现。我们要做真正的强者，就要有超越自己的勇气和行动。人要向前看，只要自己一天没有实现自己的理想，就要永远地奔走在前进的路上。即使实现了自己的理想，也要不断前行，用短暂的一生，追求更大的生活意义。

做人，就永远不要提当年的勇猛。真正的勇敢不是一段时间的表现，而是一个人持久的表现。真正的勇敢来自心灵。

最终都会汇入人生的大海

我们每一个人最终都将汇入人生的大海，得意失意、荣耀卑微，最终都不过是过眼烟云，都会烟消云散的。有的人往往会太注重过往，牢牢地抓住不放。其实，很多时候，生活都会让我们松手，我们要将自己的生命和全部努力都投入到生活的大河，因为最后所有人的归宿都是汇入人生的大海。

在入河口，有两条小溪相会交谈。一条小溪说："我的途径是最难走了，磨坊的水轮坏了，沿途有的农民也死了。我带着人们的污秽，挣扎着流将下来，而那些人啥也不干，只是懒洋洋地晒太阳。"另一条小溪回答说："我从山上芬芳花卉和腼腆杨柳之间流将下来，男男女女用银杯喝水，我的周围都是欢笑声，还有甜蜜的歌声。哎！你真是个不幸的家伙。但是你的困难始终是得不到补偿的，还不如忘记它吧！"最终这两条小溪都流入了大河，汇入大海。

如果过去让你很是难忘的东西，影响了你今天的生活，你要学会将其忘记；如果过去很是荣耀的东西，让你今天始终自我感觉良好，你也要学会将其忘记。我们看到了生命的最终意义，其实生命并没有什么可怕的，也不是望不到边、看不到头。为此，我们要更加珍惜现在的生活，更加珍惜自己目前所拥有的一切。朝着自己的理想，坚定不移地走下去，这才是人生的最大意义。

我们不要在生活中浮躁起来，也不要在人海茫茫中变得喧嚣，要想获得大成功，一定要有一种稳定而且积极的心态，不要过于苛求，但也绝对不到最后誓不罢休。每一个人都有自己的价值观，只要这种价值观积极向上，我们就没有理由评价其对错。只要我们为这种价值观而努力奋斗，我们就过得充实。每一个人在这个社会的立足之本就是自己所秉持的价值观，这种价值观是自己人生的方向，它应该以一种积极的方式，引导我们汇入人生的大海。

做人，就要明白人生最终方向就是汇入大海，为此我们没有必要在今天患得患失，我们只要努力了，只要奋斗了，尽人事，然后听天命吧！上天不会亏待有心人的。

第四章　人生的价值，在于你自己的选择

　　人生的价值，是个选择题，每一个人都有选择的权利。自己应该明白自己的选择，也应该坦然接受这种选择带来的命运。

生命的每一部分都有价值

生命的每一部分都有它的价值。成功失败、得意失意都让我们的人生更加完整。人生有很多经历是跨越不过的，别人也没有办法代劳。一个人即使再不喜欢冬天，冬天也还是会每年经历一次。有的人，或许认为如果不喜欢，完全可以回避。事实上，这不过是鸵鸟战术罢了。就像我们为人要肩负的责任一样，无论一个人是多么不喜欢责任，他都得肩当。正是很多时候这种不得已而为之，给很多人打开了一扇新的门窗。

动物园里的小骆驼问妈妈："妈妈，妈妈，为什么我们的睫毛那么的长？"骆驼妈妈说："当风沙来的时候，长长的睫毛可以让我们在风暴中都能看清方向。"小骆驼又问："妈妈，妈妈，为什么我们的背那么驼，丑死了！"骆驼妈妈说："这个叫驼峰，可以帮我们储存大量的水和养分，让我们能在沙漠里耐受十几天的无水无食条件。"小骆驼又问："妈妈，妈妈，为什么我们的脚掌那么厚？"

骆驼妈妈说："那可以让我们重重的身子不至于陷在软软的沙子里，便于长途跋涉啊。"小骆驼高兴坏了："哇，原来我们这么有用啊！可是妈妈，为什么我们还在动物园里，不去沙漠远足呢？"

我们要善于把我们不喜欢的，我们觉得苦难的东西作为我们生命的一部分。就像蚌壳里进了一颗沙子，我们无论如何不喜欢，都没有办法将它吐出来。说不定经过岁月的不断磨难，它真的能成为一颗最美丽的珍珠。

人没有理由因为自己的不完美而放弃，事实上我们每一个人都不完美，我们生命中总是有这样那样的缺陷，甚至有时会感觉到羞辱。看看那些成功的人们，很少有一直就一帆风顺的，他们都是经过了种种的艰辛，让苦难打造了自己的钢筋铁骨，让自己变得意志坚定，从而长出了成功的基因。

我们都不完美，我们都有种种顾虑，你害怕的也是我曾经怕过、死活不肯尝试的，但那又有什么关系呢，一切都会过去，我们照样会成长。

做人，就要明白我们生命每一部分都有价值，不要自卑，不要顾虑，用我们整个生命和心胸去迎接整个社会。

人要善于自我雇佣，不要造成社会浪费

人是为别人而活着的吗？不是，人固然要为别人考虑，但是归根到底是为自己而活着。正如哲人所说，人的一生不过是向宇宙借了一段光阴。这仅有的一段光阴就是自己的全部资源，资源耗尽以后就什么都不会剩下了，谁也不能从这个社会上带走什么。为此，人要珍惜时间，一寸光阴一寸金，虽然是老生常谈，但是它却是亘古不变的道理。有的人往往会认为自己聪明，当和别人合作的时候，自己可以磨洋工，最后也能得到同样的报酬。

法国的一位工程师曾经设计了一个引人深思的拉绳试验：把被试验者分成一人组、二人组、三人组和八人组，要求各组用尽全力拉绳，同时用灵敏度很高的测力器分别测量其拉力。

实验前，人们普遍认为，几个人拉同一根绳的合力等于每个人各拉一根绳的拉力之和。其结果却让人大吃一惊。

二人组的拉力只是单独拉绳时二人拉力总和的95％；三人组的拉力只是单独拉绳时三人合力的75％；八人组的拉力只是单独拉绳时八人拉力总和的49％。

"拉绳试验"中出现"1＋1＜2"的情况，明摆着是有人没有竭尽全力。这说明人有与生俱来的惰性，单枪匹马地独立操作，就会竭尽全力；到了一个集体，则把责任悄然分解到其他人身上。社会心理学研究认为，这是集体工作时存在的一个普遍特征，并概括为"社会浪费"。

这样的社会浪费是十分可怕的，就像磨洋工的人一样，也许他们会把这样当成一种聪明。一个人磨洋工的时候，实际上失去了很多，包括优秀的品质和良好的工作习惯。而优秀的品质是这个社会上的生存之本，良好的工作习惯是一个人事业有成之本。丧失了这两个根本，还有什么聪明可言？

做人，一个人归根到底是自我雇佣的，磨洋工就是自己浪费自己，不磨洋工即使是吃亏，很多时候也能学到很多东西。我们的每一件工作都指向未来，都指向我们的目标，通过工作我们不断磨炼我们的品质和技能，变得专注和持续，离成功也就只有一步之遥了。

你是不可或缺的，必须好好地活着

你对很多人来说，是不可以缺少的，所以你必须好好地活下去。很多人之所以大有成就，就是有人需要他，他无法推卸这种责任。有的人会认为人没有责任会一身轻松，会洒脱。事实上，一个人身上如果什么责任都没有，他往往就容易失去自己，甚至是生命。

医院病房，住着两位相同的绝症患者，不同的是一个来自乡下，一个就生活在医院所在的城市。

生活在城市的病人，每天都有亲朋好友和同事前来探望。家人、朋友探望时劝慰说："老宋，现在你什么也别想，一门心思养病就行。"单位来人时开导说："你放心，单位上的事，我们都替你安排好了……"

来自乡下的患者，只有一位十二三岁的小男孩守护着。他的妻子十天半月才能来一次，或送钱，或送些衣物。妻子每次来，总是不停地说这说那，要丈夫为家里的事情拿主意……

几个月后，生活在城市里的患者在亲人悲天怆地的哭声中永远地去了；而来自乡下的患者却奇迹般地活了下来。

生活在城市的那位病人，在别人的宽慰中，渐渐感觉到自己不重要，从而失去了战胜病魔的勇气。而来自乡下的病人，家中大事小事都要由他来定夺，他没有理由逃避，所以他顽强地活了下来。

生活中，我们要明确自己对别人和对这个社会的价值。当心灰意懒的时候，我们要告诉自己，我们是别人和社会不可缺少的一部分，我们没有理由放弃自己，没有理由蜷缩在一个角落里哆哆嗦嗦，我们必须承担起我们生活的责任。

"我要活下去"，"我必须成功！"当你有这种意念支撑的时候，便能形成巨大的行动力，促使自己不断地尝试着走出困境。而困境不过是经不起推敲的门，当你持续不断地推敲的时候，这扇门就为你打开了。

做人，要明白自己的价值，无论什么时候，都不要轻易放弃自己，必须好好地活着。你对别人来说很重要。

时刻问一下自己的价值

自己的价值如何衡量？绝大多数人都不会问这个问题。但是这也是个现实的问题。自我价值如何决定了我们在社会中所处的位置。有的人或许认为每一个人的价值无法量化，因此也无法衡量。事实上，有的人会通过各种方法来了解自己的价值。

一个替人割草打工的男孩打电话给珍妮太太说："您好，您需不需要割草？"

珍妮太太回答说："不需要了，我已有了割草工。"

男孩又说："我会帮您修剪树木。"

珍妮太太回答："我的割草工已经修剪好了。"

男孩又说："我会帮您把草与走道的四周割齐。"

珍妮太太说："我请的那人全都弄好了，谢谢你，我不需要新的割草工人。"

男孩便挂了电话，此时男孩的朋友问他说："你不是就在珍妮太太那割草打工吗？你为什么还要打这个电话？"

男孩说："我只是想知道我做得有多好？"

这个小男孩毫无疑问是个智者，我们在社会上的价值很大程度上取决于别人对我们有多大程度的依赖，社会对我们有多大程度的依赖。别人对我们的依赖是少数人的依赖，说明我们的价值还只存在于亲朋好友之间。社会对我们的依赖是一群人的依赖，说明我们的价值已经得到了扩大，形成了社会价值。我们都想做一个真实的自己，做真实的自己就要衡量自己的价值。我们应该有时刻问一下自己的价值在哪里，其实从别人是否需要我们，社会是否需要我们就可以窥见一斑。只有问清楚了自己的价值，人才活得清醒；也只有明白了自己的价值，人才有自知之明。有的人没有勇气问自己的价值，他们不过是在混日子、混社会罢了，最后把做人的尊严和荣誉都混掉了，把自己也给混掉了。这种人是可悲的。

做人就不要对自己讳疾忌医，不能自我欺骗和麻痹。我们活在世界上，很多时候都是想做一个真实的自己，这个自己是可以用价值来衡量的。

最有价值的是内涵，而不是外表

一个人最大的价值在于内涵，而不是外表。外表迟早会陈旧或者被人看旧，只有内涵才能永恒发光。就像古圣先贤，他们长得什么样，他们穿着什么样，对我们来说并不重要，而他们的精神和人品，穿越千年的时空，到今天还激励着一大批有志气的人。有的人或许认为在如今的社会里，有一分内涵放出十分光亮和有十分内涵放出一分光亮相比，前者更加具有吸引力。但是我们也应该看到这种光芒放射的形式是不会长久的，你可以在一段时间欺骗所有的人，但是你没有可能在所有的时间欺骗所有的人。

有一则关于爱因斯坦的逸闻趣事，说的是爱因斯坦从不注重自己的着装，第一次来到纽约时，在大街上遇到了当年的一位老朋友。这位朋友见爱因斯坦衣服破旧，便说："你看你的大衣，又破又旧，换件新的吧，怎么说你也是知名人物呀！"

爱因斯坦笑了笑："没关系，没关系。我刚来到纽约，这儿没有人认识我。"

几年后，爱因斯坦和他的相对论都已名声大振。巧的是，爱因斯坦又和他的那位朋友在街上相遇了，更巧的是，爱因斯坦还是穿着那件"又脏又破"的大衣。这一次，爱因斯坦不等朋友开口，便自嘲道："这次更不用买新大衣了，全纽约的人都已经认识我了。"

这个故事显然不是奚落爱因斯坦不注重着装反而能够"狡辩"，而是说明一个人的内涵远远大于外表的价值。在我们生活中，会看到很多外表很光鲜的事物，但是实际上是没有内涵的。比如追求的流行，很多人为了赶潮流、追流行耗费了一生的时间，到最后发现什么都没有。我们每一个人都要对流行有一份反思，要认识其内涵。言之无文，行而不远，很多流行就像流星一样，在天空划过，很是璀璨，但是并没有实质，也不具备流传久远的根基。

做人，就要学会注重内涵，而不是仅看外表，要善于用心去观察，而不要总是局限于视线所及。我们生活的社会中，有些有内涵的东西被流行给掩盖了，去挖掘它们何尝不是一种乐趣。

人要相信自己的价值，即使还不被认可

一个人永远没有办法让所有人满意，有些时候，甚至只有很少的一部分人认可我们，但这根本就不影响我们自己的价值，我们的价值不会因此而受到任何损失。有的人总是根据别人的看法来不断改变自己。我们固然要听别人的意见，但是我们首先应该有独立思考，有独立判断的能力。如果没有思考和独立判断，仅凭借别人的意见，不会支撑我们走太远，甚至很多时候会

让我们误入歧途。

有一位女作家写完了一部长篇小说，发表后引起轰动，一时成为最畅销的书。有个评论家曾向女作家求婚遭到拒绝，怀恨在心，经常在评论中旁敲侧击地贬低这个女作家的才华。一次文学界举行聚会，许多人当面向女作家表示祝贺，称赞其作品的成功。女作家一一表示感谢。忽然那位评论家分开众人，挤到前面，大声向女作家说道：

"您这部书的确十分精彩，但您能否透露一下秘密，这本书究竟是谁替您写的？"

女作家还陶醉在众人的赞扬声中，冷不防他竟会提出这样的问题，就在她一愣的同时，已有人偷偷发笑了。女作家立即清醒地估量了形势，做问题以外的争吵于自己不利，她马上镇静下来，露出谦和的笑容，对评论家说道：

"您能这样公正恰当地评价我的作品，我感到十分荣幸，并向您表示由衷的感激！但不知您能否告诉我，这一本书是谁替您读的呢？"

事实上，很多时候别人否定你，都是有他自己的用心。在这个时候你要学会分辨，你要分清楚好坏，不要因为别人的一句话，而改变了自己。别人的批评或者指责如果对你有益，自然要听。如果别人是全盘否定，根本就提不出建设性建议，这个时候不听又有何妨？对你根本就没有任何损失。我们永远只能吸引一批欣赏我们的人，显然这批人不是人群的全部。我们没有可能，也完全没有必要用尽心思去吸引所有的人，如果那样的话，我们就迷失了自己。

做人就要相信自己，任何时候都要相信自己的价值，相信通过努力，自己会过得更好，而不要在别人的眼光里可怜巴巴地活着。

心死就等于提前退场，价值归零

一个人不要在精神上走得太远，不要在境界上拔得太高。过犹不及，一个过于看空世事的人，终究不是上了境界，而是心已经死了。有的人或许认为这正是一个人的精神所在，一种淡然，一种恬静。事实恰好相反，这是一种绝望和退却。

一位孤独的年轻人倚靠着一棵树晒太阳。他衣衫褴褛，神情萎靡，不时有气无力地打着哈欠。一位智者从此地经过，好奇地问："年轻人，如此好的阳光，你不去做你该做的事，懒懒散散地晒太阳，岂不辜负了大好时光？"

"唉！"年轻人叹了一口气说，"在这个世界上，除了我自己的躯体外，我一无所有。我又何必去费心费力地做什么事呢？每天晒晒我的躯体，就是我做的所有事了。"

"你没有家？"

"没有。与其承担家庭的负累，不如干脆没有。"年轻人说。

"你没有你的所爱？"

"没有，与其爱过之后便是恨，不如干脆不去爱。"

"没有朋友？"

"没有。与其得到还会失去，不如干脆没有朋友。"

"你不想去赚钱？"

"不想。千金得来还复去，何必劳心费神动躯体？"

"噢，"智者若有所思，"看来我得赶快帮你找根绳子。"

"找绳子，干吗？"年轻人好奇地问。

"帮你自缢？"

"自缢？你叫我死？"年轻人惊诧了。

"对。人有生就有死，与其生了还会死去，不如干脆就不出生。你的存在，本身就是多余的，自缢而死，不是正合你的逻辑吗？"

哀莫大于心死。我们得到的东西，终究会全部交付出去，什么都留不下。悲观消极的人或许看到了绝望和失望，而积极乐观的人看到了珍惜和进取。我们没有理由放弃自己，我们活在这个世界上，就应该为我们心中所认定的美好去奋斗，哪怕这个美好只是短暂的，哪怕为了这个美好自己要付出极大的代价。一个不敢去爱的人，终究也没有办法承担起什么责任；一个害怕去追求的人，终究也会一事无成。我们不是生活的懦夫，我们有追求、有理想，有为追求和理想奋斗的勇气，我们要做一个积极向上的人，有些时候甚至要有一种飞蛾扑火的精神去追求我们所向往的美好。

做人就要在心中留存一份美好，我们没有理由选择提前退场，我们必须不断地努力和前行，等到有一天真的走不动、不想走的时候，我们再回过头来看，一定是我们的汗水浇灌了沿路的鲜花，这才是有意义的人生。

不将追求完美作为价值取向

人生的价值取向多种多样，很多时候我们坚持的东西，在别人看来是浪费时间，但我们觉得很有必要。但是有一种价值取向是很多人在追求的，它不仅没有必要，而且十分有害，它就是完美。有的人认为人生就是要追求完美，这世界上一切美好的事物都是自己要追求的，最好是自己能在任何一方面都出类拔萃，让所有的人满意。人生是有限的，世界上美好的事物是无限的，以有限的人生去追求方方面面的美好，毫无疑问是抱薪救火。

有个人拥有一张出色的由檀木做成的弓。这张弓射箭又远又准，他非常珍惜它。

有一次，这个人仔细观察它时想：还是有些笨重，外观也无特色，请艺术家在弓上雕一些图画就好了。于是他请艺术家在弓上雕了一幅完整的行猎图。

这个人拿着这张完美的弓心中充满了喜悦。"你终于变得完美了，我亲爱的弓！"这个人一面想着一面拉紧了弓，这时，弓"咔"的一声断了。

一个人过于追求美好，不仅影响了个人的未来发展，而且还会影响和周围人的关系。过于追求美好的人往往容易走极端，对自己要求严格，对别人也有过多苛求。事实上，你去追求美好，不应该影响别人的生活。我们看到在日常生活中有太多的强者，因为他们的偏执和原则，取得了事业上的成功，但是到最后很多人落了个众叛亲离的下场。其中一个重要的原因就是他们用自己的价值观要求了所有的人。其实并不是所有的人都追求事业上的登峰造极，并不是所有的人都能十分严格要求自己的。自己都做不到，对别人的要求自然是觉得很不舒服。

一个人对自己要求过高，容易让自己受到委屈；对别人责备太甚，容易伤害别人。我们在注重自己追求的同时，也应该照顾别人的感受。不要因为自己想做什么样的人，而觉得别人也一定想成为这样的人。事实上，很多时候，自己的美食，对别人来说，就是毒药。我们不能够强人所难。

做人，就不要将完美作为自己的价值取向，也不要过于严格地去要求别人。做一个完美的人会让你付出极大的代价，甚至迷失自己，况且根本就没有人能够做到完美。

不要过于执意，避免因小失大

一个人过于执意地做一些事情，就容易因小失大，最后折损了自己。很多人做事就像赌博一样，赢了还想赢，输了不甘心，到最后输得倾家荡产。有的人或许欣赏这种冒险或者勇敢。事实上，这不是冒险，真正的冒险是要权衡利弊的；这也不是勇敢，真正的勇敢是有智慧的勇敢。这只是在执意想做事情，这种执意最后难免让自己因小失大。

一个小男孩玩耍一只贵重的花瓶。他把手伸进去，结果竟拔不出来。父亲费尽了力气也帮不上忙，遂决定打破瓶子。但在此之前，他决心再试一次："孩子，现在你张开手掌，伸直手指，像我这样，看能不能拉出来。"

小男孩却说了一句令人惊讶的话："不行啊，爸，我不能松手，那样我会失去一分钱。"

我们每一个人手中都握了一些"一分钱"，这"一分钱"在此时此刻的我们看来非常重要，等未来我们跳出了这个圈子去看，其实这"一分钱"根本就不重要。但是我们为了这"一分钱"浪费了大量的时间和精力，甚至为了这"一分钱"耽搁了一生。为什么会出现这种情况呢？原因就在于我们太执意了。我们一定要做什么，有些东西我们一定要得到，一定不能失去。事实上，很多时候我们忘记了权衡，甚至到最后也忘记了这样做的真正目的，以致迷失了自己。其实有些时候，我们放手正是为了更好的获得。如果我们不放手的话，必将什么都得不到。

一段难以忘怀的感情，往往让曾经相爱的男女都疲惫不堪，在这个时候，要学会放手，各自珍惜自己的前程和未来的幸福；一段童年的阴影，已经让人受尽了内心的煎熬，这个时候也应该学会放手，你才会从中解脱。永远都不要把自己想得太委屈，也永远都不要觉得自己很冤枉。这世界上有些东西是公平的，可衡量的。但是还有一些东西是不公平的，没有办法衡量的。人家冤枉了你，是在所难免的。而你要做的事就是，不要自己再冤枉自己。

做人就要学会不要过于执意，不要因小失大，避免因为小事而缠住了自己，进而失去人生中最美好的东西。

每一个人都有自己的特定价值

每一个人都有自己的价值，都有自己的选择。没有谁的价值比别人卑微。生活中我们常常羡慕那些成功人士，固然成功人士的事业价值得到了体现，但是并不意味着我们的价值就比他们差，我们有自己特定的价值。有的人总是会看到别人过得比自己好，自己如果能过上别人的生活，那就是幸福。事实真的是这样吗？

有两只老虎，一只在笼子里，一只在野地里。

在笼子里的老虎三餐无忧，在外面的老虎自由自在。两只老虎经常进行亲切的交谈。

笼子里的老虎总是羡慕外面老虎的自由，外面的老虎却羡慕笼子里老虎的安逸。

一日，一只老虎对另一只老虎说："咱们换一换。"另一只老虎同意了。于是，笼子里的老虎走进了大自然，野地里的老虎走进了笼子里。从笼子里走出来的老虎高高兴兴，在旷野里拼命地奔跑；走进笼子里的老虎也十分快乐，它再不用为食物而发愁。

但不久，两只老虎都死了。一只是饥饿而死，一只是忧郁而死。从笼子中走出的老虎获得了自由，却没有同时获得捕食的本领；走进笼子的老虎获得了安逸，却没有获得在狭小空间生活的心境。

当我们看别人生活的时候，加入了太多自己的主观臆测。当我们感觉到生活不美满的时候，我们总是觉得别人过的日子就比我们滋润，殊不知别人生活或许比我们更差。但是我们不会那么想。

每一个人都有自己特定的价值，都因为自己具有特定的价值而生活着。正因为我们每一个人的价值不同，才形成了人与人之间很多的差别，但仅仅是差别而已，而不是差距。在价值这一点上，一个伟大的人物和一个平凡的人，或许价值有大小之分，但绝对没有优劣之分。我们生活在这个世界上，应该对自己充满信心，而不应该盲目地去追随别人。我们应该通过自己的价值判断去寻找属于自己的幸福，而不应该在别人的眼光里找到前进的勇气。

做人，就要相信自己的特定价值，就要学会坚持自己的价值，在这基础上，我们才得以不断地提高和进步。

选择好自己的位置，别让宝物变废品

人要善于选择自己的位置，只有在合适的位置上，个人的价值才能得到发挥。否则，即使是人才，也不容易体现自己的价值。有的人认为金子放到哪里都会发光，所以不用计较它所处的位置。金子放到哪里都会发光，毫无疑问是正确的。但是这并不意味着选择一个好位置就不重要。

山里人有一尊巨大的石像，石像面朝下躺在门前的泥地里，他毫不理会。对于他来说，这不过是一块石头。

一天，一个城里的学者经过他家，看到了石像，便问这个人能不能把石像卖给他。这个山里人听了哈哈大笑，十分怀疑地说："你居然要买这块又脏又臭的石头，我一直为没法搬开它而苦恼呢？"

"那我出一个银元买走它。"学者说。山里人很高兴，因为他得到了一个银元，又搬走了石头，这使他的门前场地宽敞多了。

石像被学者设法运到了城里。几个月后，那个山里人进城在大街上闲逛，看见一间富丽堂皇的屋子前面围着一大群人，有一个人在高声叫着："快来看呀，来欣赏世界上最精美、最奇妙的雕像，只要两个银元就够了，这可是世界上顶尖的作品！"

于是，他付了两个银元走进屋子去，想要一睹为快。而事实上他所看到的正是他用一个银元卖掉的那尊石像，可是他已无法认出这是曾经属于他的石像了。

即使是日行千里的千里马还需要伯乐的赏识才能得到重用。在我们的事业追求中，我们要想有更大的成就，就一定要找到一个好的平台。在一个好的平台上，我们的能力才能得到更大的发挥，我们的作用才能得到更好的体现。

其实所谓人才，并不是什么都会才叫人才。在一方面有专长就已经是人才了。为此，我们一定要将自己摆在正确的位置上，在正确的位置上发挥自己更大的价值。我们欣赏张飞的勇猛，欣赏诸葛亮的谋略。但如果我们让张飞去当军师，诸葛亮去当士卒的话，蜀汉根本就没有办法建立，更别提鼎足三分了。

做人就要善于给自己找一个能发挥作用的平台，在这个平台上更好地体现自己的价值。

越是相信自己的价值，越要学会低头

一个人越是相信自己的价值，越是会低头。稻穗成熟的时候总是低着头，只有空心的时候才会把头昂得高高的。有的人认为人低头别人会看不起，所以越是高傲，人家越是恭敬。事实上，在现实生活中，一个高傲的人，往往是没有信心的表现或者是自卑心理在作祟，他们害怕别人看不起。真正有料的人是不会高傲的，因为他们相信自己的价值，根本不用担心别人看得起还是看不起。

富兰克林是美国的政治家、科学家、独立宣言的起草人之一。他在合众国创建时，曾留下许多功绩，故有"美国人之父"之称。

有一次，富兰克林到一位前辈家拜访，当他准备从小门进入时，因为小门低了些，他的头被狠狠地撞了一下。出来迎接的前辈告诉富兰克林："很痛吧？可是，这将是你今天拜访我的最大收获。要想平安无事地活在世上，就必须时时记得低头。这也是我要教你的事情，不要忘了！"

从此，富兰克林牢牢记着这句话，并把"谦虚"列入一生的生活方针之中。

人要学会低头，成就越大的人越要学会低头，要把谦虚谨慎写入自己的人生纲领，这对人的一生来说都很重要。我们都相信不保守、能创新的人会获得未来。如果有一个人他不保守，懂得创新，于是他获得了一个又一个的成功，他每获得一次成功，就沉淀了10%的成功经验，剩下的90%抛弃掉，只要经过了5次成功，这个人就开始变得保守起来。这还是一个很谦虚，懂得创新的人。事实上，生活中有很多人很骄傲，他们获得了一次成功便趾高气扬，认为自己天下第一，那么难的事情，别人都做不到，只有他一个人做到了。为此他看不起任何人。他第一次沉淀的成功经验就已经超过了 50%，甚至达到 100%。我们怎么能相信一个凭着旧有的经验去做事情的人，能够取得持续的成功呢？如果我们相信，那毫无疑问我们也会相信刻舟是能找到宝剑的。

做人要学会谦虚，要学会谨慎，不要认为自己了不起。哪怕自己真的做了很了不起的事情，也要迅速让自己的头脑冷却下来，这样才能获得持续的成功，人生的意义才能不断地得到体现。

我知道你需要我

我知道你需要我，所以我得好好地活着。我的价值不会体现在和别人的攀比中，我的价值会体现在我做了什么，对你有什么意义之中。有的人会认为一个人的价值关键是和别人相比较，甚至还会美其名曰参照系。事实上，别人的价值或者榜样永远只是我们的一个路标，就像跑马拉松的人，为了鼓励自己继续跑下去，将沿途的树当成超越的路标一样，我们是不可能将这些树作为终点的，我们的终点是人生马拉松的终点。那些路标不过是我们人生的过客罢了。我们要相信自己的价值，我们要知道有很多人需要我们。

有位园丁，一天早晨，当他到花园里去的时候，发现所有的花草树木都凋谢了，园中充满了衰败景气，毫无生气。

他非常诧异，就问花园门口的一棵橡树：你们中间究竟出了什么事？

后来他得知，橡树因为自怨没有松树那样高大挺拔，所以就生出厌世之心，不想活了；松树又恨自己不能像葡萄藤那样结果子而沮丧；葡萄藤也很伤心，因为它终日匍匐在地，不能直立，又不能像桃树那样绽开美丽的花朵；牵牛花也在苦恼着，因为它自叹没有紫丁香那样芬芳。其余的树木也都有垂头丧气的理由，都埋怨自己不如别人。

这时，只有一棵小草却长得青葱可爱。于是园丁问它：你为什么没有沮丧？

小草回答：我没有一丝灰心，没有一毫失望。我在此园中虽然算不上重要，但是我知道你需要一株橡树、一棵松树，或者葡萄藤、桃树，或者牵牛花、紫丁香，你才去栽种它们；我知道你也需要我这棵小小的草，我就心满意足地去吸收阳光、雨露，使自己天天成长。

我们没有理由为自己的不足而灰心丧气，我们生活中存在太多的不足，太多的失望和遗憾，如果我们为每一个不足和遗憾失望的话，我们一定会很悲观。当我们很悲观的时候，我们除了失败，还能够得到什么？其实失败也不属于我们，失败只属于真正战斗过的勇士。属于我们的叫放弃，我们提前弃权了。

我们羡慕别人的成就，总认为别人能为社会创造更多的价值。可是我们可曾想到，别人无论多么伟大，在父母的眼中，在爱人的眼中，都无法取代你的位置，你才是最珍贵的。他们需要你，需要你好好地活着。你应该知道。

做人就要知道很多人需要我们，需要我们善待自己，需要我们好好地活着，只有这样，人生才有更大价值。

一个人最大的财富在于精神

一个人的最大财富在于他的精神，因为一个人有精神，所以他能够创造很多的奇迹，通过这些奇迹他改变了自己，改变了很多人的命运。有的人或许认为人生在世，吃喝二字。如果一个新生儿讲吃喝，那是应该的，但如果这个孩子长大以后，也只知道吃喝，那就不正常。我们是否有勇气和一个只知道物质的人交往？我们是否有勇气天天醉生梦死，然后还觉得自己过得特别充实？我们有没有扪心自问一下，一个人最大的财富在哪里？

一个人最大的财富在什么地方？一个人最大的财富绝对不在于自己这个物质体本身。人身上的脂肪可做六块洗衣肥皂，磷质可做二百二十根火柴，所有的石灰质可以消毒一个鸡笼，人身体内所有的硫磺，可杀死一条狗身上的蚤子，所有的铁质可以打一根铁钉，另外还有盐一把，糖一杯，还有一点氮气，如果把它做成火药，可以放一炮。以上各种物质按照平时价格计算，并不值多少钱，所以人最大的财富不是身体，而是精神。人身上的细胞七年新陈代谢一次。也就是说，人的躯壳七年死一次，所以躯壳或死或生都算不得什么，最要紧的是精神必须存在，因为这是一件关系到永远的大事情。人不能浑浑噩噩地过这一生，而应该拿出精神来做自己想做的事情，实现自己想实现的理想，这样的人生才是积极的人生。

精神在很多人看来，或许是很空虚的东西，但我们不要忘记曾经我们每一个人都是有理想的人，我们曾经都发过誓今生一定要做什么，这就是精神所在。只不过，随着我们年纪的增大，随着我们不断碰壁和坏习惯的养成，我们逐渐忽略了精神的东西，而去过分注重一些物质的享受。这样的生活，你不感觉到空虚吗？

一个人最大的财富在于他的精神，只要一个人的精神在，即使衣衫褴褛，我们也丝毫不会去轻视他，因为他是一个有力量的人。如果一个人精神不在，哪怕华贵雍容，我们也完全可以看不起他，因为这样的人不会有太大的作为。

做人，就要明白一个人最大的财富就在于他的精神，人必须不断地修炼自己的精神，而修炼精神最好的办法就是不断地朝着自己的理想去努力。

不要迷失了真正的价值

人生会遇到很多的假象，很容易迷失自己真正的价值。就像人遇到诱惑的时候，很容易失去自己真正心爱的人一样。有的人往往注重表面，他们认为别人所说的是至关重要的。事实上，真正有价值的不是别人所说的，而是一个人一贯所坚持的。一个人不能迷失真正的价值，不能在乱象中放弃了自己的判断，不能为表面的东西而付出自己一生的代价。其实，即使这样规劝，还是有很多人会犯同样的错误，有几个人能做到真正的心智清明呢？

有一头鹿来到池塘边喝水。它对着水中自己的影子，欣赏它那对美丽的鹿角，但它看到那四条纤细的腿却不禁皱了眉头。鹿正在池塘边望影自怜的时候，有一头狮子偷偷地来到池塘边，伏下身子就要向它猛扑过来。鹿撒腿就跑。它用了最快速度，加上前面平坦开阔，非常容易就和狮子拉开了一段长长的距离。但是进入林中之后，它头上的角被树枝挂住了，于是狮子迅速赶上来逮住了它。临死前，鹿后悔地说："我真是瞎了眼了！我小看了能救我脱险的腿，却去赞扬那让我送命的角。"

生活中我们不要为了酒肉而失去我们真正的朋友，我们真正的朋友即使不和自己称兄道弟，但他对自己的关心应该能感觉得到；生活中，我们也不要为了旁人的花言巧语，而背叛了真正的爱人。事实上花言巧语谁不会，天花乱坠、摘星取月、海枯石烂、天涯海角，这种话谁不会说，但又有谁能做得到？也许你的爱人过于木讷，从来不会说这样的词语，但是丝毫不会影响他对你的真心，这种真心你应该感觉得到。

社会中存在太多的幻想，就像啤酒的泡沫一样，看上去很美，时间一久，一定会破灭。我们不能作为泡沫破灭的牺牲品，我们首先要认清楚泡沫本身就毫无价值。如果泡沫已经破灭，已经成了牺牲品，我们就要学会接受现实，不要再为过去流眼泪，我们要做的事情就是把握现在，不断地往前。

做人就要学会不迷失自己的价值，如果已经迷失了，一定要将它找回来，而不要浑浑噩噩地这样过下去。

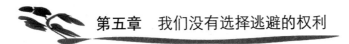

第五章　我们没有选择逃避的权利

　　面对困难，我们没有选择逃避的权利。生活正是由一个个困难组成的。正是因为有了困难，所以我们才能不断地成长。当我们与困难狭路相逢的时候，要感谢命运给了你一个增长才干的机会。

有只马蝇叮着，马跑得更快

一个人如果始终处于坦途和顺境，他未必是跑得最快的，因为他很有可能在这过程中松懈下来。相反，如果始终有些不如意的东西跟随着他，他很可能跑得更快。有的人希望自己一帆风顺，最好什么遗憾都不要留下，这不仅不可能，而且还是有害的。

1860 年林肯当选为总统。他任命参议员萨蒙·蔡斯为财政部长。

许多人反对这一任命。因为蔡斯虽然能干，却十分狂妄自大，他本想入主白宫，却输给了林肯，他认为自己比林肯要强得多，对林肯也非常不满，并且一如既往地追求总统职位。

林肯对关心他的朋友们说：

"你们一定知道什么是马蝇了。有一次，我和我兄弟在肯塔基老家犁玉米地，我吆马，他扶犁。这匹马很懒，但有一段时间它却在地里跑得飞快，连我这双长腿都差点跟不上。到了地头，我发现有一只很大的马蝇叮在它身上，我随手就把马蝇打落了。我兄弟问我为什么要打落它，我说我不忍心看着这匹马那样被咬。我兄弟说：'唉呀，正是这家伙才使马跑得快嘛。'"

然后，林肯说："如果现在有一只叫'总统欲'的马蝇正叮着蔡斯先生，那么只要它能让蔡斯和他的那些部下不停地跑，我就不想去打落它。"

在前进的路上，难免会有只"马蝇"叮着我们，或许是曾经的一件往事，或许是一个一直就否定我们的人，我们或许感觉到不舒服，我们或许尝试过用各种方法去拍落它，但是终归还是失败。于是我们烦恼不已。其实如果我们努力来遏制马蝇对我们的影响，甚至我们将其作为一种激励，自己不断地前行，从而获得超越马蝇影响的能力，我们难道不是在迅速提高吗？

在生活中，我们很难避免别人对我们的非议，很难避免别人对我们的不屑，人越是进步，越是处于高位，越容易招致非议，这个时候你没有必要去斤斤计较，你完全可以不搭理这些人的说法，无论你怎么解释，他们都不会听的。

既然他们非议了你，自然是站在他们的角度来看，你的所有解释都是狡辩，为此他们更是要非议你。

做人就不要因为自己有马蝇叮着而过于苦恼，也不要因此而停歇脚步，应该不断地前行。

对手让我们更有力量

在追求事业的过程中，我们难免会遇到竞争对手，这些竞争对手往往会想方设法打击我们，置我们于死地。但是我们的事业，正是在一次次逃脱和反抗中不断发展壮大。正是因为有了过于凶猛的竞争对手，我们才不断打造出了迎接未来的钢筋铁骨。有的人希望自己身边的人都是朋友，都能帮助自己成长。这种想法未免过于幼稚。我们的身边没有那么多朋友，而更多的是竞争对手。

一位动物学家对生活在非洲大草原奥兰治河两岸的羚羊群进行过研究。他发现东岸羚羊群的繁殖能力比西岸的强，每分钟奔跑速度也要比西岸的快13米。而这些羚羊的生存环境和属类都是相同的，饲料来源也一样。

于是，他在东西两岸各捉了10只羚羊，把它们送往对岸。结果，运到东岸的10只一年后繁殖到14只，运到西岸的10只只剩下3只，那7只全被狼吃了。

现在，你一定也可以明白，东岸的羚羊之所以强健，是因为在它们附近生活着一个狼群，西岸的羚羊之所以弱小，正是因为缺少了这么一群天敌。

没有天敌的动物往往最先灭绝，有天敌的动物则会逐步繁衍壮大。大自然中的这一现象在人类社会也同样存在。

对手的力量会让一个人发挥出巨大的潜能，创造出惊人的成绩。尤其是当对手强大到足以威胁到你生命的时候，对手就在你身后，你一刻不努力，你的生命就会有万分的惊险和困难。

其实，从某种意义上来说，我们应该感谢我们的竞争对手，正是因为有了他们，我们才永不停歇地动了起来。他们威胁了我们的未来，而我们要生长出一种力量来抵抗这种威胁。等到我们力量足够强大的时候，我们发现自己已经有了质的飞跃。

做人就不要对竞争对手过于在意，不要为此而烦恼不已，而应该鼓起勇气跟他战斗，在这战斗的过程中，我们的收获才是最大的。

生于忧患，死于安乐

中国古代哲人早已说过生于忧患，死于安乐。一个忧患的环境，往往给人以更好的未来，而一个安乐的环境，往往会荒废了一个人。对于一匹战马来说，即使是战火纷飞、枪林弹雨，它也敢于冲锋陷阵，一往无前，但是它却没有办法越过温柔的泥沼。有的人往往喜欢安乐的日子，对他们来说，这就是生活的全部意义。其实一心想过安乐日子的人，最后往往都过不上。因为时代在急剧的变化中，我们每一个人就像逆水行舟一样，如果不能前进，那就只能后退。

早在 1925 年，美国科学家麦开做了一个前无古人后有来者的老鼠实验。

将一群刚断奶的幼鼠一分为二区别对待：第一组享受"最惠国待遇"，予以充足的食物让其饱食终日；第二组享受"歧视待遇"，只提供相当于第一组 60% 的食物以饿其体肤。

结果大大出人意料：第一组饱老鼠难逾千日，未到中年就英年早逝；第二组饿老鼠寿命翻番，享尽高龄方才寿终正寝，而且皮毛光滑，皮肤紧绷，行动敏捷，煞是耐看。更耐人寻味的是其免疫功能乃至性功能均比饱老鼠略高一筹。

后科学家触类旁通，扩大范围验及细菌、苍蝇、鱼等生物，又发现了惊人相似的一幕幕。为论证这一普遍真理能否放之人类而皆准，科学家又以与人类同源共祖的猴子做实验，结果如出一辙，难分左右。

饱食终日的人，最后往往都无所用心。而只有那些在艰难困苦中成长的人，才会懂得不断前进，因为他每天都在琢磨应该做点什么来改变生活。我们不要为暂时的安乐而让情志迷乱，这种安乐肯定不会长久的。我们只有不断地前进，比这个社会稍微快一点，我们才可以得到相对的平静。

当我们在忧患中的时候，我们也就没有了流泪的时间，我们就应该不断地奋发向前。只有在贫困中能够不断奋发，在安乐中也不忘居安思危，并且积极行动的人，才能最终赢得未来。

做人就要学会正确地看待忧患和安乐，不要在忧患中自暴自弃，也不要在安乐中放松自己，那也是一种自暴自弃。

鲶鱼效应

在生活中，有那么一两个给你捣乱的人，其实并不一定是件坏事。这种人的存在也许会让我们活得更有激情和斗志。这种人往往说话很难听，做事很不得体，会伤害到我们。但是我们不妨从另一个角度来看，正是因为这种人，我们才会警醒，才不会让日子一天一天地混着过。有的人不希望听到相反的声音，也不希望看到有人反对。但怎么可能呢？一个人为人处世不可能让所有的人满意，自然会招致一些另类的声音。我们不妨把这些反对当成一种激励，让我们更加积极向上。

西班牙人爱吃沙丁鱼，但沙丁鱼非常娇贵，极不适应离开大海后的环境。当渔民们把刚捕捞上来的沙丁鱼放入鱼槽运回码头后，用不了多久沙丁鱼就会死去。而死掉的沙丁鱼味道不好，销量也差，倘若抵港时沙丁鱼还存活着，鱼的卖价就要比死鱼高出若干倍。为延长沙丁鱼的活命期，渔民想方设法让鱼活着到达港口。后来渔民想出一个法子，将几条沙丁鱼的天敌鲇鱼放在运输容器里。因为鲇鱼是食肉鱼，放进鱼槽后，鲇鱼便会四处游动寻找小鱼吃。为了躲避天敌的吞食，沙丁鱼自然加速游动，从而保持了旺盛的生命力。如此一来，沙丁鱼就一条条活蹦乱跳地回到了渔港。

你的生活中有鲇鱼存在吗？它是否让你觉得有些时候很难受？如果有的话，千万不要觉得可悲，而应该学会将他们另类的声音当成一种激励，让自己更加有激情起来，否则在日复一日的生活中，我们容易迷失掉自己。

人的一生是个很短暂的过程，在这个过程中，我们每一个人都会遇到很多不如意的事情。这些事情就是我们生命中的鲇鱼，它们让我们难受，但是正是因为它们的存在，才使得我们对生活有感觉，使得我们对未来充满着激情。我们的活力大多源自于这里。为此，我们没有理由在这些不如意面前低头。

做人就要明白人生不如意的事情太多，我们要学会把这些不如意的事情作为我们生命中的"鲇鱼"，激励自己不断地前进。

任何人都有自己的小烦恼，不要过多纠缠其中

每一个人都有自己的小烦恼，它们就像鞋子里的细沙一样，虽然很微小，但是磨得人不能正常走路，严重影响了一个人价值的实现。有的人往往会集中大量的时间和精力清除这些小烦恼，结果把大事情放置一边了，最后落得个舍本逐末的笑话。对于那些小烦恼，每一个人都在所难免，不要过多纠缠其中。

有一天，素有森林之王之称的狮子，来到了天神面前："我很感谢你赐给我如此雄壮威武的体格、如此强大无比的力气，让我有足够的能力统治这整片森林。"

天神听了，微笑地问："但是这不是你今天来找我的目的吧！看起来你似乎为了某事而困扰呢！"

狮子轻轻吼了一声，说："天神真是了解我啊！我今天来的确是有事相求。因为尽管我的能力再好，但是每天鸡打鸣的时候，我总是会被鸡鸣声给吓醒。神啊！祈求您，再赐给我一个力量，让我不再被鸡鸣声给吓醒吧！"

天神笑道："你去找大象吧，它会给你一个满意的答复的。"

狮子兴冲冲地跑到湖边找大象，还没见到大象，就听到大象跺脚所发出的"砰砰"响声。

狮子加速跑向大象，却看到大象正气呼呼地直跺脚。

狮子问大象："你干吗发这么大的脾气？"

大象拼命摇晃着大耳朵，吼着："有只讨厌的小蚊子，总想钻进我的耳朵里，害我都快痒死了。"

狮子离开了大象，心里暗自想着："原来体型这么巨大的大象，还会怕那么瘦小的蚊子，那我还有什么好抱怨呢？毕竟鸡鸣也不过一天一次，而蚊子却是无时无刻不在骚扰着大象。这样想来，我可比它幸运多了。"

狮子一边走，一边回头看着仍在跺脚的大象，心想："天神要我来看看大象的情况，应该就是想告诉我，谁都会遇上麻烦事，而它并无法帮助所有人。既然如此，那我只好靠自己了！反正以后只要鸡鸣时，我就当作鸡是在提醒我该起床了，如此一想，鸡鸣声对我还算是有益处呢？"

人如果局限于小烦恼，最后难免会误了大事。人是为大事而来，自然应该集中自己所有的精力和心血完成这一件大事，只有这样，一个人才能获得成功。等到获得成功以后，所有的小烦恼就像风中飘荡的蛛丝一样，轻轻地就可以拂掉。

做人就不要在一些小烦恼上过于纠缠，不要让它浪费你太多的精力和时间。

白纸和黑点，你得分清楚

轻和重，很多时候，真的如我们所想的那样分得清楚吗？事实上，在很多时候，我们是分不清楚的。我们在乎一个人的反对，而忽视了更多人的赞同；我们想方设法赢得看不起我们的人的尊重，但是忽视了对我们好的人。有的人似乎不这样认为，在他们看来，如果能得到所有人的认同自然是更好。事实上，当你试图去得到一些小的认同、小的成就的时候，你也将失去更大的认同和成就，毕竟一个人的精力和时间是有限的，你要做效益和成本比例更高的事情。

有一个女孩事业遭到重大失败以后，哭着跑回了家。

在父母亲的劝解下，女孩仍然无法释怀，觉得自己一无是处。这时父亲拿出一张白纸和一支笔，交给女儿，让她每想到自己一个不足或缺点，就在白纸上画一个黑点。

女儿拿过笔，不停地在白纸上画黑点，在她画完以后，父亲拿起白纸，问她看到了什么，女儿回答："缺点啊，全都是该死的缺点。"

父亲笑着问她还看到什么，她回答说："除了黑点，什么都没有看到。"

在父亲一再追问下，女儿终于回答说，除了黑点外，还看到白纸，于是父亲问女儿："你是否有优势呢？"女儿想了很久，终于勉强地点了点头，开始思考自己的优势，渐渐地语气缓和了，态度开朗了，终于破啼为笑，鼓足勇气重新开始自己的事业。

在我们的事业追求中，难免会遇到这样那样的不如意，难免会觉得心灰意冷，不过请永远记住，这种种的不如意不过是我们人生的一个黑点而已，我们生活中绝大部分是一张白纸，还需要我们去描画。我们不能因为一个黑点而误了自己的一生。

人生有种种后悔和遗憾是在所难免的事情。在这种情况下，你要学会抬眼看看更广阔的人生。在这里跌倒了，就要从这里爬起来，继续往前走，这样你才可能做更大的事情。如果只是一味地在跌倒的地方怨天尤人，就像孩子因为洒了一杯豆浆坐在地上哭泣一样，自然什么事情也做不了。

做人就要分清楚人生中的白纸和黑点，不要拘泥在黑点之中。

困难是最好的老师

困难，我们每一个人都会遇到。很多成功者往往会发出这样的感叹：那个时候真的很难。我们每一个人都会遇到让自己觉得很难的事情。但是等到通过各种努力克服了这个困难之后，我们会惊奇地发现自己增长了处理苦难的能力，以后的事情要想难倒我们，自然要比这个苦难更大。有的人拒绝一切困难，他们觉得如果能够一片坦途，该是多么好的事情。这种事情好是好，但永远不会出现。这种困难难是难，但成功者把它当成磨炼。困难是最好的老师。

有一个商人，他有两个儿子。大儿子是父亲的宠儿，父亲想把自己的全部财产都留给他。但母亲很可怜小儿子，她请求丈夫先不要宣布分财产的事。她要想个办法让两个儿子分得平均一点。商人听从了她的劝告，没有宣布分财产的决定。

于是母亲坐在窗前哭泣，有一位过路人看见了，于是走上前来问她为什么哭。

母亲说："我怎么能不哭呢？对我来说，两个儿子都一样亲，可是他们的父亲却想把全部财产留给一个儿子，而另一个却什么都得不到。在我还没想出帮助小儿子的办法以前，我请求丈夫先不要向儿子们宣布他的决定。但我实在是想不出办法了。"

路人说："你的烦恼其实很容易解决。你只管向两个儿子宣布，大儿子将得到全部财产，小儿子什么也得不到。但以后他们将各得其所。"

结果，小儿子一听说自己什么也得不到，就离开家到外地去了。他在那里学会了手艺，增长了知识。而大儿子依赖父亲生活，什么也不学，因为他知道，他将是富有的。

父亲死后，大儿子什么都不会干，很快就把自己所有的财产都花光了。而小儿子却在外边学会了挣钱的本事，变得富裕起来。

困难，让我们变得坚强，让我们迅速养成在这个社会生存的本领。就像茧化蝶一样，我们必然会经历那样一个痛苦的过程，到后来才能变成一只美丽的蝴蝶。困难就跟我们的老师一样，让我们不断地成长，创造种种机会来增长我们的才干。

做人，就要正确地看待困难，不要让困难打垮了自己，而要想方设法来克服困难。在这一过程中，自己将得到最大的提高。

大海航行的船没有不带伤的

人生如同大海航行的船，难免会遇到风暴的侵袭，只有不敢下海的船才有可能不带伤，因为他们已经被淘汰了。那些真正勇往直前的船只，没有一条是不带伤的。有的人或许希望人生的目的地能够很平坦地达到，人生追求的一切也唾手可得。事实上，我们见过这样的事情吗？

英国劳埃德保险公司曾从拍卖市场买下一艘船，这艘船1894年下水，在大西洋上曾138次遭遇冰山，116次触礁，13次起火，207次被风暴扭断桅杆，然而它从没有沉没过。

劳埃德保险公司基于它不可思议的经历及在保费方面给公司带来的可观收益，最后决定把它从荷兰买回来捐给国家。现在这艘船就停泊在英国萨伦港的国家船舶博物馆里。

使这艘船名扬天下的是一名来此观光的律师。当时，他刚打输了一场官司，委托人也于不久前自杀了。尽管这不是他的第一次失败辩护，也不是他遇到的第一例自杀事件，然而每当想到这件事情，他总有一种负罪感。他不知该怎样安慰这些在生意场上遭受了不幸的人。

当他在萨伦船舶博物馆看到这艘船时，忽然有一种想法，为什么不让他们来参观参观这艘船呢？于是，他就把这艘船的历史抄下来和这艘船的照片一起挂在他的律师事务所里，每当商界的委托人请他辩护，无论输赢，他都建议他们去看看这艘船。因为在大海上航行的船没有不带伤的。

成功失败、得意失意都是我们生命中的一部分。我们在赞叹成功者的时候，往往会过多地看重他的成就，具有里程碑意义的成功事件。但是我们要知道，这样成功的事件，往往是"九死一生"得来的，人生经过了九次失败，最后一次获得了成功。大多数情况下，人还要经历更多的失败。

我们有了这样的意识，我们就能正确地看待失败。我们不会对失败避而远之，我们相信既然给予我失败，就是给予我成功的希望。这次失败了，下次成功的可能性会更大一些，因为我不可能再犯同样的错误。我们每一个人都应该有这样的失败和成功转换的观念。事实上，什么叫成功？失败多了，就叫成功。

做人，就要明白我们每一个人都难免会遇到失败，我们要想成为一个成功的人就要去迎接暴风骤雨般的失败，把它作为我们生活中的命运交响乐，然后弹出我们生命中最华美的乐章。我们要永远记住，大海航行的船没有不带伤的。

不要为小困扰失去了最宝贵的东西

一个人的性格很大程度上决定了一个人的命运。在我们的人生中，小困扰是很难免的，但是千万不要让这种小困恼来迷乱我们的性格，最后失去了我们人生中最宝贵的东西，比如生命。有的人往往走不出困扰，他们在困扰上喜欢钻牛角尖，最后困扰也浪费了他们的一生。

在非洲草原上，有一种不起眼的动物叫吸血蝙蝠。它身体极小，却是野马的天敌。这种蝙蝠靠吸动物的血生存，它在攻击野马时，常附在马腿上，用锋利的牙齿极敏捷地刺破野马的腿，然后用尖尖的嘴吸血。无论野马怎么蹦跳、狂奔，都无法驱逐这种蝙蝠。蝙蝠却可以从容地吸附在野马身上，落在野马头上，直到吸饱吸足，才满意地飞去。而野马常常在暴怒、狂奔、流血中无可奈何地死去。很多专家在分析这一问题时，一致认为吸血蝙蝠所吸的血量是微不足道的，远不会让野马死去，野马的死亡是它暴怒的习性和狂奔所致。

我们生活中随处可以见到这样的"吸血蝙蝠"。比如本来一个小时就可以完成的工作，由于拖延和懒怠，硬是拖了三天，到最后完成的工作质量还远远达不到标准。再比如说碰到一件烦心的事情，总是绕不过弯来。今天想我为什么这么烦心，明天又想为什么我会如此心烦，到后天又想为什么心烦的总是我呢？这样日复一日，一天到晚，一年到头，把自己的大好青春和精力都浪费在这些小困扰上，永远走不开那样的困局。

我们活在这社会上，是为了追求自己的美好。既然那些困扰无助于美好的追求，为什么我们不能放下呢？为什么我们硬是要像螃蟹夹住鱼钩一样、决不松手的？为什么我们的性格在这些小困扰上还是如此执着呢？我们的初衷本不是这样的，为什么到最后我们变得不理性，而变得戾气，最后毁掉的不仅是别人的希望，而且也是自己的前途。

做人，就要学会磨炼自己的性格，不要让自己的性格在小困扰上过于执拗，最后失去了自己一生中最宝贵、最应该珍惜的东西。事实上，很多时候，很多事情都并不矛盾，也不对立，为什么我们要将它矛盾和对立起来呢？

在困难中汲取飞翔的营养

人遇到困难在所难免，我们不但要克服困难，而且要善于在困难中汲取飞翔的营养，这是决定我们一生成就的事情。有的人在困难面前得过且过，他不是想着去克服困难，而是想着通过时间的推移，困难这瘟疫被上天给支开。这是多么浪费时间的事情啊！我们不但要立即行动去克服困难，而且要抱着在困难中不断学习的想法和行动，不断在困难中汲取营养。

一天，一只茧上裂开了一个小口，蝴蝶在艰难地将身体从那个小口中一点点地挣扎出来，几个小时过去了……接下来，蝴蝶似乎没有任何进展了。看样子它似乎已经竭尽全力，不能再前进一步了……有个人决定帮助一下蝴蝶。于是他拿来一把剪刀，小心翼翼地将茧破开。这样蝴蝶很容易地挣脱出来。但是它的身体很萎缩，看起来很小，翅膀紧紧地贴着身体，在地上艰难地爬行，永远都没有飞起来过。

我们不要把困难当成死神，死神对人的未来没有帮助，但困难不过是一扇虚掩的成功的门。当你推开门的时候，你会发现成功就在后面微笑地等着你。但是生活中很多人在困难面前束手就擒，听天由命了。

我们不能做听天由命的人，这样的人是失败的，这样的人生也是一种浪费。我们要把困难当成一种难得的机遇，一种让自己迅速成长的机遇，在困难中学习，在困难中不断提高自己。只有这样，我们才会越来越强大，也只有这样，我们才会不浪费自己的人生。

生命给予我们每一个希望的同时，也赋予了我们一个又一个的困难。它们像一座座高山横在我们面前。山的那边就是成功。我们有希望作为自己的力量，然后去翻越这些困难的高山，最后到达山的那边，获得成功。在这过程中，我们不仅得到了成功，而且还获得了更大的磨砺，让自己拥有了雄壮的体魄和无畏的精神。然而人生是一个周而复始的过程，还有高山在前面，但是我们已经不怕了，我们已经翻越过前面的高山，后面的高山即使再高，我们也有信心翻越。

做人，就要在困难中汲取飞翔的营养，不要让困难成为自己的负累，而要成为自己不断前行的促进。

没经过大浪，捕不到大鱼

一个人没有经过大风大浪，是很难取得大成功的。每个人都希望风浪尽可能小，成功尽可能大。这怎么可能呢？

从前，有个渔人捕鱼技术十分高超，被人们尊称为"渔王"。渔王一生取得了极大的成就和荣耀，然而年老的时候，他十分苦恼。原因就是他的三个儿子捕鱼的技术都很平庸，他的技术随时都有可能失传。他将这个烦恼告诉了一位智者，智者问他平时是怎么教儿子们打鱼的。渔王说从儿子们刚懂事起就传授捕鱼技术给他们，从最基本的东西教起，告诉他们怎样织网最容易捕捉到鱼，怎样划船最不会惊动鱼，怎样下网最容易请鱼入瓮。等儿子们都长大了，就教他们如何识别潮汐和鱼汛……，总之自己一生懂得的全部都毫无保留地教给了他们。智者一听，顿时明白了，于是对渔王说：他们之所以没有精通打鱼的技术，不是因为渔王教给他们的太少，而是你教给他们的太多，他们有的是经验，而缺少教训。

一个人在成长历程中，必须有些教训，只有教训才能让人深有体会，记得更加牢固。在传统的教育中，我们都是在避免走弯路，我们希望通过一成套很成功的经验来让自己获得更大成功。事实上，人生是要走些弯路的。不仅是因为我们无法避免，而且也因为弯路可以让我们更加有感觉。

正如一首歌所唱，跟着感觉走。别说我们都很理性，事实上，很多时候我们都是跟着自己的感觉在走，有的是冒险，有的是尝试，基本上都是凭借自己的一种感觉。而最容易培养感觉的不是经验，经验只是沉淀下来的知识。

最能培养感觉的是那些教训和弯路。因为跌倒过，所以我们才知道什么叫疼，知道什么叫珍惜。也正是因为跌倒过，所以我们知道下一次如何避免跌倒。

人生没有坦途，人难免会走弯路。我们无法避免这些弯路，那就让我们坦然去接受吧。没有什么好畏惧的，走过去以后也不会发生什么。只要我们永远保持着前进的方向，只要我们永远拥有坚定的步伐，那么成功是早晚的事情。

做人，就要学会经历大风大浪，在弯路和教训中不断成长，只有这样才能获得大成功。

你示弱，困难就突袭而来

如果迎面的山坡上一只狼奔袭而来，有智慧的猎人会平静地端起枪、瞄准和射击。但是生活中遇到这种情况，很多人会惊慌失措，要么脚发软不知道逃跑，要么一阵狂奔逃命去。可是我们又怎么能跑得过狼呢？有的人往往会在困难面前示弱。这样困难就不会"袭击"你了吗？不会的。恰恰相反，正是因为你示弱，困难才突袭而来。

鲨鱼是攻击性极强的凶猛动物，只要被鲨鱼发现，很少有人能够逃生。然而，让人奇怪的是，海洋生物学家罗福特通过对鲨鱼多年的研究，发现即使穿着潜水衣游到鲨鱼身边，和鲨鱼很近距离接触，鲨鱼也似乎丝毫不介意。罗福特对此解释说："鲨鱼其实并不可怕。可怕的是你一见到鲨鱼，自己就先害怕了。"当人看到鲨鱼的时候，只要心里不害怕，那么就很安全。正是那种快速跳动，害怕不已的心脏，才引起了鲨鱼的注意。这个时候，人们往往想着逃命，最后难免会成为鲨鱼的一顿美餐。

困难是个欺软怕硬的东西，当我们软弱的时候，困难就会强大起来，会吞噬我们。要克服困难，唯一的办法就是让自己强大起来。而要想自己强大起来，就必须有敢于战斗的勇气。通过不断地战斗，让自己不断地壮大。

人生是不断试错的过程，前人已经走过的路对我们来说只是一个借鉴，我们没有必要也不可能完全重复他们的道路，毕竟时代进步太快。对于前人还没有走过的路，更加只能靠自己一步步去摸索，不断地试错。在这个时候，你越是有勇气去尝试，你学到的经验和教训就越多。如果总是退缩在后面，不敢前进，那么也得不到真正成长的机会。真正成功的人一定是敢于尝试的人，正是因为他们有勇气，他们不向未知的领域示弱，所以他们才想出了种种克服困难的办法。

做人就要学会让自己勇敢起来，让自己强大起来，在勇敢和强大的面前，困难就不再是困难了。

越是困难，越要让自己安静下来

人遇到困难，感到着急，是常有的事情。但是着急是否能解决问题？显然是解决不了的。艰难困苦横在面前的时候，我们一定要克制住内心的焦虑和不安，而应该以一种安静来冷静处理。有的人或许认为这只是个想法罢了，现实中没有人能做到。事实上，很多取得大成就的人都是这样做的。越是着急，他们越是能够平静下来。因为他们明白只有这样才能对困难进行剖析，并找出解决问题的办法。

一个木匠在工作的时候，不小心把手表掉落在满是木屑的地上，他一面大声抱怨自己倒霉，一面拨动地上的木屑，想找出他那只心爱的手表。

许多伙伴也提了灯，与他一起寻找。可是找了半天，仍然一无所获。等这些人去吃饭的时候，木匠的孩子悄悄地走进屋子里，没一会工夫，他居然把手表给找到了。

木匠既高兴又惊奇地问孩子："你怎么找到的？"

孩子回答说："我只是静静地坐在地上，不一会儿，我就听到'滴答''滴答'的声音，就知道手表在哪里了。"

我们日常的生活有时候太嘈杂、太喧嚣，以至于我们不能冷静下来思考，也听不到自己的声音。我们让喧嚣的外界和流行代替我们的思考，我们盲从于潮流，在潮流中迷失了自己。我们是否考虑过，一个盲从于潮流的人会取得多大的成功？我们是否考虑过，我们的生命之所以有价值，很重要的一点就是他能够独立地思考！

当我们遇到大的困难的时候，惊慌失措、心烦意乱，这永远无助于问题的解决。越是在困难的情况下，我们越是要让自己冷静下来，想方设法地解决问题。对于无助于问题解决的想法或者是不切实际的空想，都不要让它们进入头脑。

为了让我们能够安静下来，我们一定要有这样的信念，一把钥匙开一把锁，办法总比困难多。一个困难，即使是天大的困难，都一定有解决的办法，有打开它的最适宜的钥匙。坚持了这样一个信念，那么我们所要做的就不再是情绪上的激动，去怨天尤人，而应该是去想各种各样的办法，去解决问题。

做人就要明白轻重，要知道我们很多人在于事无补的想法上走得太远，我们要把自己拉回来，抛弃生活中的种种浮华，而去寻找最朴实的解决办法。

生死游戏面前，困难显得没分量

人生，从某种意义上来讲，是一场生死的游戏。在这场生死游戏面前，所有的困难都失去了它的分量。如果是生，困难算什么？如果是死，困难又算什么？有的人都会在困难面前抬不起头来，到最后才发现困难也不过如此，一切都会过去。

西方的一个兵营里流行着这样一种游戏：

上级军官每年一次召集部下 1000 人，发给每人一把手枪，并告诉他们：这 1000 把手枪中只有 3 把枪里有真的子弹，要求他们每人朝自己的脑袋上开一枪，剩下的人可以在余下的一年里无忧无虑地生活……

游戏进行着，每年一次……

其实在生活中，我们所有人都在有意识地每年重复着这样的游戏：根据中国人寿命统计显示，中国人的年平均死亡率是千分之三。

有人说千分之三的概率很小，因为 1000 人之中只有 3 人死亡。有人说这个概率很大，因为对个人来说，只有两种可能：生或死。因此，个人的概率是 50%。

我们要克服困难，首先要在精神上战胜它。我们要有比困难更高的眼界和心胸，我们要站在更高的高度上去俯视困难。我们经常会有这样的感觉，发现曾经很难的东西，到今天来看，也不过如此，过去了就过去了。学生时代的考试，第一天上班，都曾经让我们紧张不已。然而事实证明，很多东西我们都多虑了。有研究表明，人们 80% 的忧虑是多余的，根本不会发生，为此我们的困难至少被我们夸大了四倍。我们按照这个想法去激发我们的情绪，自然会紧张不已。

做人，就不要把困难想得太大。等到站在一定高度，拉长一定的时间，你会发现困难真的不算什么。既然困难不算什么，那我们又何必自己吓唬自己呢？

你的执着是应对困难的最好武器

面对困难，你的执着是最好的武器。就像三天打鱼两天晒网是很难打到大鱼一样，要想突破眼前的困难就必须学会执着。有的人有时候会认为困难没有办法解决，他们会说这根本解决不了问题，他们不相信有办法能走出去。

等到困难真的解决了以后，他们才开始有点相信。怎么可能寄希望于这样的人来解决困难呢？

安第斯山脉有两个好战的部落，一个住在低地，另一个住在高山。有一天，住在高山上的部落入侵位于低地的部落，并带走该部落的一个小婴儿作为战利品。低地部落的人不知道如何攀爬到山顶，即使如此，他们仍然决定派遣最佳的勇士部队爬上高山去救回这个小婴儿。

勇士们试了各种方法，却只爬了几百尺高。正当他们决定放弃解救小婴儿，收拾行李准备回去时，却看到婴儿的母亲正由高山上朝他们走来，背上还缚着她的小孩。其中一位勇士走向前迎接她，说："我们都是部落里最强壮有力的勇士，连我们都爬不上去，你是如何办到的呢？"

她耸耸肩说："这不是你的小宝贝。"

我们要有不达到目的誓不罢休的决心和勇气。我们有很多的困难是必须克服的，绕不开也回避不了。如果今天退却了，明天这个困难还会横在我们面前，而且会变大。为此，我们要积极地探索方法去解决困难，及时将困难解决不仅是最经济的，而且也是最有效率的。

当然，执着不是蛮干，不是"撞南墙"誓不回头，执着是一种认定了方向后的前进动力，它是讲智慧的。如果有四两拨千斤来解决困难，为什么我们还要选择不断消耗自己的解决办法呢？我们没有必要去做以卵击石的蠢事。我们这个社会的成功者，大多都是能够坚持的人，即使失败了一次又一次，他们都能够东山再起；我们历史上伟大的人，何尝不都是能坚持的人？为了自己的理想，为了自己的信念，永远步伐坚定地走下去。正是这种坚持，才水滴石穿，水到渠成，最后成就了大事业。

做人，就要学会执着，学会一种有智慧的坚持。只要我们坚持下去，我们一定能够解决困难。

第六章　最耽搁人生的事莫过于坏的习惯

　　优秀是一种习惯，不优秀也是一种习惯。好的习惯可以成就一个人，不好的习惯也可以毁掉一个人。最耽搁我们人生的莫过于坏的习惯。

堕于生活常态，人容易怯懦

生活常态是我们每一个人的柔软沼泽，一个人如果堕入了生活的常态，那么他就容易变得怯懦，不再有原来的勇敢。有的人会认为进入生活常态会让人很舒服。确实是，但是这种舒服是危险的，它消磨了一个人的意志。这种生活常态就像一个得胜的将军过上了安乐的生活，久而久之弓箭都腐朽了。从某种意义上说，我们要想追求更美好的东西，我们就必须是个战士，像个战士那样活着。

一只猎狗一不留神掉进动物园的老虎笼子里，围观的人都以为猎狗死定了。然而，出人意料的事情发生了，人们看到的是威风凛凛的猎狗，步步进逼，不可一世；而"凶猛"的老虎却是一味退缩，流露出恐惧的神情，雄风不再。

猎食是老虎的求生本能。为了在恶劣的环境、激烈的竞争中存活下来，老虎必须不断提升猎食的技能。因而在人们的印象中，老虎就是凶猛的代名词。但是，把它放在动物园，经过长时间的饲养后老虎却连本来只是其爪下物的猎狗都害怕了。

生活的常态往往是一组习惯，人们内心希望过着这种有习惯的生活，这样可以省却很多思考和因此而来的烦恼。但是，我们必须清醒地意识到，如果沉溺于生活的常态，我们必然会逐渐养成自己的依赖和眷恋。我们会听到这样的说法：曾经的英雄不再是英雄。这正是因为这些人习惯了生活。

我们今天所处的时代，正在发生快速地前进和发展。我们每一个人要想在这样的时代不被淘汰，仅仅靠生活的常态是远远不够的。我们必须有意识地紧跟时代的步伐，不断地求变求新，让自己在不断的提高中来适应时代的变化。这不仅是我们生活的根本，而且也是我们要过有意义人生的前提所在。

我们要充分地认识到生活常态的危险，我们要懂得创新，要懂得变化，而不要保守，不要顽固。只有这样，我们才能够适应时代的变化；也只有这样，我们才能够追求更有意义的人生。

做人就要学会摆脱生活的常态，不要让自己沉溺于生活的琐碎之中，而要不断地去求新求变，在发展中不断让自己勇敢，不断壮大自己。

江山易改，本性难移

一个人要改变本性，是很难的事情，甚至是不可能的事情。为此，在与人交往的时候，我们应该尽量选择本性适合的人交往。在为人处世的时候，我们一定要怀有一片素心。有的人或许认为自己本性最好，自己不喜欢的人本性有问题。事实并非如此。我们每一个人的本性中都有好有坏。对于我们来说，要做的就是尽量发扬好的因素，克制坏的因素。其实，我们拿一种坏的本性去对待别人，最后耽搁的往往是我们自己。

从前，有一个地方住着一只蝎子和一只青蛙。蝎子想过池塘，但不会游泳。于是，它爬到青蛙面前央求道："劳驾，青蛙先生，你能驮着我过池塘吗？"

"我当然能。"青蛙回答，"但在目前情况下，我必须拒绝，因为你可能在我游泳时蜇我。""可我为什么要这样做呢？"蝎子反问，"蜇你对我毫无好处，因为你死了我就会沉没。"

青蛙虽然知道蝎子是多么狠毒，但又觉得它说得也有道理。青蛙想，也许蝎子这一次会收起毒刺，于是就同意了。蝎子爬到青蛙背上，它俩开始横渡池塘。就在它们游到池塘中央时，蝎子突然弯起尾巴蜇了青蛙一下。伤势严重的青蛙大喊道："你为什么要蜇我呢？蜇我对你毫无好处，因为我死了你就会沉没。"

"我知道。"蝎子一面下沉一面说。"但我是蝎子，我必须蜇你。这是我的天性。"

很多人都不懂得克制，他们往往任性而为，甚至认为这是一种率真，结果他们伤害了很多人。真正的率真是以不伤害别人为前提的。我们都生活在一个圈子里，正如叔本华所描述，我们生活着就像豪猪取暖一样，挨得近了就会相互刺痛，离得远了又不能相互温暖。因此，恰到好处的距离是我们为人处世的根本。我们要时刻关注自己的本性，要克制本性中坏的一面，而去努力发扬好的一面。

做人，就要知道江山易改本性难移，但这并不意味着我们可以任性而为，而应该学会克制，通过不断地克制，我们来赢得别人的尊重和友爱。

一步一步地走，习惯造就奇迹

生活中任何伟大的成功都不是瞬间建立的。就像摩天大厦建成一样，不是一日之功。如果我们的目光永远停留在摩天大厦的幻想中，那么摩天大厦对我们来说就永远只是一个梦。任何成功，都是一步一步走过来的。就像一小步又一小步地走，最后到达了成功的彼岸一样。我们重视结果，更不能忽视日积月累、水滴石穿的过程。有的人往往幻想奇迹一夜之间出现。显然是不可能的。

客厅中一架巨大的挂钟滴答滴答地响着。在一个夜里，突然听见一阵啜泣声，于是客厅的家具们到处寻找声音的来源，原来是秒针在饮泣。

秒针哭着说："我好命苦啊？每当我跑一圈时，长针才走一步，我跑60圈时短针才走5步。一天我需要跑1440圈，一星期有7天，一个月有30天，一年有365天……我如此瘦弱，却需要分分秒秒地跑下去，我怎么跑得动呢？"

旁边的台灯安慰它说："不要去想还没来到的事情，你只需一步一步地往前走，你将会走得轻松愉快。"

这世界上伟大的事情其实并不神秘，让人仰望的成功也并非难以得到。但是为什么只有极少数人取得了成功呢？很多人没有成功的原因就在于他们没有坚持下来的勇气。而之所以没有坚持下来的勇气，就在于他们把眼光看得太遥远，以至于他们怀疑自己是否能够做到。我们要善于把眼光放在当下，放在眼前的事情上，眼前的事情就是摩天大厦的基石。他们对于摩天大厦来说，只是极小的一部分，根本微不足道。很多人正是因为看不起这些事情，所以根本就没有办法建成摩天大厦。

我们都想做伟大的事情，这无可厚非。但是伟大的事情说容易很容易，说难也很难。一个人如果几十年如一日地坚定往前走，几十年后，他会成为一个很是成功的人。就好像一个人如果每天都让自己进步百分之一，几十年后，必然比现在强大千百万倍。

做人，就要学会活在当下，事情也做在当下，不要幻想一口气吃成一个胖子，而要一步一步地朝着目标迈进。

不要让小缺点放大成致命因素

人们常有一些小的缺点，由于不知道该如何克服，最后成为了致命的因素。就像蝴蝶效应一样，蝴蝶在遥远的地方扇一下翅膀，通过一系列的连锁反应，最后形成了一场飓风。有的人往往不屑于小缺点，认为无足轻重。事实上，如果我们真的不在乎这些小缺点，任其滋长，最后一定会成为自己的心腹大患。

老虎自恃是森林之王，整天专吃野鸡野兔及一些小动物。

有一天，老虎觅食时遇到了一只牛虻。"不要在我眼皮底下打扰我觅食，否则我就吃了你。"老虎生气地吼道。

"嘻嘻，只要你够得着就来吃呀。"牛虻嘲笑老虎，并且爬在老虎鼻子上吸血。老虎用爪子抓，牛虻又飞到虎背上，钻进虎皮中吸血。老虎恼怒地用钢鞭一样的尾巴驱赶牛虻，牛虻却越钻越深，老虎躺在地上打滚妄图压死牛虻。牛虻立刻飞走了，不一会儿却引来了一大群牛虻，牛虻群起而攻之。没过多久，老虎便奄奄一息了。

脾气暴躁、不可一世是老虎的小缺点，因为这个缺点，最后老虎死在了牛虻的手上。反观我们自己，其实何尝不是跟老虎一样？比如有的人由于小时候养成了随意说话的习惯，长大后心直口快，结果因此得罪了很多人，断送了自己的前程。其实任何一个心直口快的人都知道自己这样做不对，但是他们控制不住自己。心直口快这个小缺点，最后成为了他的致命因素。

我们要注意我们身上的小缺点，不要让这些缺点影响我们的人缘和未来。尽管很多时候我们没有办法消除这些小缺点，但是我们要极力克制。当因为一个缺点而让自己感到痛快的时候，并不是一件可喜的事情，因为缺点会因此而滋长。就好像偶尔得到别人的一次夸奖，然后在心里反复地进行自我表扬，最后的结果必然会让自己虚骄和傲慢。这种缺点是应该克制的。

做人就要学会克制自己的小缺点，不要让小缺点蔓延，很多时候要学会三思而后行，不要让缺点趁机获得了成长的土壤。

人要有耐心接受岁月的雕琢

人的一生不可能是一帆风顺和完美的，岁月会在我们的生活中留下种种的伤痕。但正是这些伤痕，让我们的人生变得更加健康，更加有朝气和未来。有的人或许认为伤痕造成了一生的遗憾。事实上，正是因为有了种种遗憾，我们才意识到我们不是完美的，我们才会从幻想主义者变成现实主义者。

一棵长得高大挺拔的树，非常欣赏自己的身材，并引以为傲。

有一天，来了一只啄木鸟，停在树上，它听到树干里有许多小虫啃噬的杂音。啄木鸟便用长嘴在树干上啄了一个洞，准备将虫一一吃掉。

这棵树非常生气，它不能忍受美丽的枝干被破坏成一个一个洞，因此，大树开口责骂啄木鸟并把它赶走。

于是小虫在树干里长大并生了更多的小虫，它们不断地啃噬着树干，逐渐把它吃空了。有一天，刮起一阵强风，这棵大树被拦腰折断了。

如果一个人为了追求自己的完美，他必然会掩盖很多致命的东西，他必然会把自己伪装成美好。正是这种伪装，给了很多缺陷以可乘之机。我们都知道讳疾忌医的故事，为什么在生活中总有很多人重复地演绎着这样的故事呢？我们掩盖我们的缺点，我们认为自己完美无缺，我们听不进别人的劝告，我们为自己的顽固不断地寻找借口。到最后，我们成了一个虚弱、虚伪和虚骄的人。这不是我们想要得到的。

岁月会像琢玉一样，雕琢一个人的心性，让他变得勇敢和成熟起来。我们的生活必然会经历这样那样的雕琢，我们不能为了自己心中的完美情结而对此拒而远之，我们必须用自己的胸怀去迎接生活，迎接生活给我们带来的一切健康的机会。

做人就要有迎接生活磨炼的机会，生活中的种种困难和磨炼都是我们要坦然接受的。我们没有办法回避，也无须回避。一个对社会有意义，过得无愧于心的人，正是在这种不回避中不断地让自己成长。我们要像珍惜生命一样，珍惜那些给我们提出不同意见的朋友。

不要让无序充斥自己的生命

无序会浪费自己很多的时间和精力。为此你要让你的生命变得有序起来。而要让自己的生命变得有序，就要善于思考，通过细致的思考，让自己做最有效率的事情。有的人在生活中往往只注重自己的主观感受和直觉，最后难免会头痛医头脚痛医脚，整天忙着救火。人的生命中，有很多是可以有序起来的。

朋友要在客厅里挂一幅字画，便请邻居来帮忙，字画已经在墙上扶好，正准备砸钉子。邻居说："这样不好，最好钉两个木块，把字画挂在上面。"

朋友听从了邻居的意见，让他帮着去找锯子。刚锯了两三下，邻居说："不行，这锯子太钝了，得磨一磨。"

于是邻居丢下锯子去找锉刀。锉刀拿来了，他又发现锉刀的柄坏了。为了给锉刀换一个柄，他拿起斧头去树林里寻找小树。就在要砍树时，他发现那把生满铁锈的斧头实在是不能用，必须得磨一下。

磨刀石找来后邻居又发现，要磨快那把斧头，必须得用木条把磨刀石固定起来。为此，他又出去找木匠，说木匠家有现成的木条。

然而，这一走，朋友就再也没有见邻居回来。当然，那幅字画，朋友还是一边一个钉子把它钉在了墙上。第二天朋友再见到邻居的时候是在街上，他正在帮木匠从五金商店里往外搬一台笨重的电锯。

挂一幅字画这么简单的一件事情，在一个无序的人那里变得如此复杂。我们甚至可以断定这个无序的人最后都忘记了自己一开始要干什么。我们要让自己的生命有序起来，围绕着我们生命的意义来安排我们的精力和时间，而不要在一些事件上慌张忙乱。

我们的生命要变得有序就要养成良好的思维习惯，通过好的习惯引导，让自己生命变得有条理。我们生活中，很多人的生命是无序的，他们不知道自己想做什么，为了一件意义不大的事情，他们甚至浪费了一生的时间。

做人就要学会静下心来细细思考生命是否有序，通过一些行动，让自己的生命变得有序，久而久之，自己会养成一系列的好习惯，通过这些习惯的引导，让自己的生命变得更加有意义。

人要养成热爱劳动的习惯

人不是靠别人施舍的腐肉而活着，人要学会自己去劳动，通过劳动来获得自己想拥有的一切。勤劳不仅能致富，而且能让自己养成美德，这美德是一生享用不尽的财富。有的人往往幻想一劳永逸的生活，通过一次劳作，可以拥有一生一世，甚至世世代代享受不尽的财富。这终究只是一个幻想。我们生活中确实有人积累了大量财富，但是生活的经验告诉我们，富不过三代，任何不劳而获思想的流传都将毁灭一个人的子孙后代。

小蚂蚁趁着农民丰收的时候，忙碌着把洒落在田地里的谷子搬运到干燥的地面，晒干了存储到粮仓里。蝉每天都在树荫下歇息，叫道："热啊！热啊！蚂蚁小弟你不怕热吗？"

"如果现在不劳动，恐怕到时候我就要受穷挨饿了？"蚂蚁仍然不停地搬运粮食。

秋天很快过去了，冬天就要来临了。蚂蚁正打算钻进自己温暖的小窝，饥肠辘辘的蝉有气无力地叫道："蚂蚁老弟，你借给我一点吃的吧？"

蚂蚁问："夏天和秋天那么长，那个时候你为什么不搜集食物呢？现在还来得及啊？"

"天气太热，我不想去，再说我每天都要练歌，哪有时间啊？要是有人能为我劳动就好了。"蝉回答说。

"就算有人甘愿为你寻找食物，你又拿什么付给别人报酬呢？你什么都没有，因为你从来不劳动。我知道，不劳动的人没有任何偿还能力，对不起，我的粮食刚刚够吃，你还是自己去找吧！"说完，蚂蚁就关上了大门。

劳动，不仅可以让自己获得财富，而且更重要的是让自己获得生存和发展的基础。其实财富对人生来说是个基础，但是不是最重要的。最重要的是一个人一生的意义。试问那些依靠祖辈父辈财富，饱食终日无所用心的人的意义又该如何体现？

做人，就要求我们要养成热爱劳动的习惯，通过不断的劳动，培养自己的坚韧和勇敢，也培养子孙后代劳动的品行，这对于他们来说，才是他们一生的财富。我们要让子孙后代成为坚强的人，首先我们自己就要有坚强的基因，而劳动正是这一基因的制造者。

经历风雨后，优秀变成了一种习惯

人们常说，不经历风雨，怎能见彩虹？其实，不仅如此，只有经历风雨，人生才会留下足印，优秀才能变成一种习惯。有的人拒绝风雨，他们畏难如虎。其实，我们回头望望，我们曾经走过的那些泥泞不堪的道路，或许已经成为我们永远不能磨灭的印记，也成为我们今天勇气的来源。

鉴真大师刚刚遁入空门时，寺里的住持让他做了谁都不愿做的行脚僧。

有一天，日已三竿了，鉴真依旧大睡不起。住持很奇怪，推开鉴真的房门，见床边堆了一大堆破破烂烂的瓦鞋。住持叫醒鉴真问："你今天不外出化缘，堆这么一堆破瓦鞋做什么？"鉴真打了个哈欠说："别人一年一双瓦鞋都穿不破，我刚剃度一年多，就穿烂了这么多的鞋子。"

住持一听就明白了，微微一笑说："昨天夜里落了一场雨，你随我到寺前的路上走走吧。"寺前是一段黄土坡，由于刚下过雨，路面泥泞不堪。

住持拍着鉴真的肩膀说："你是愿意做一天和尚撞一天钟，还是想做一个能光大佛法的名僧？"鉴真答："想做名僧。"

住持捻须一笑："你昨天是否在这条路上走过？"鉴真说："当然。"

住持问："你能找到自己的脚印吗？"

鉴真十分不解地说："昨天这路又干又硬，哪能找到自己的脚印！"

住持又笑笑说："如果今天我们在这路上走一趟，你能找到你的脚印吗？"鉴真说："当然能了。"

住持听了，微笑着拍拍鉴真的肩说："泥泞的路才能留下脚印，世上芸芸众生莫不如此啊！那些一生碌碌无为的人，不经历风雨，就像一双脚踩在又平又硬的大路上，什么也没有留下。"鉴真恍然大悟。

人不能够过庸碌一生的日子，但你要追求美好，你就必然要付出代价，要在泥泞的路上走上很远很远，必然会摔倒，必须再爬起来。可正是在这摔倒和爬起来之间，我们在不断前行，我们的勇气在不断地增加。最后我们成为了一个对生活有感觉的成功者。

做人，就要学会接受生活的泥泞，没有一条成功的道路是开满鲜花的，摆在我们面前的就是泥泞，但我们必须走过去，只有走过去了以后，人生才会留下足印，走不过去什么都留不下。

鹰就是鹰，哪能在鸡窝里待一辈子

一个人把自己想象成什么，最后往往就能够成为什么。如果我们把自己想象成翱翔天空的雄鹰，那么我们最后往往会成为雄鹰，搏击蓝天。最害怕的是自己本来是雄鹰，但是把自己想象成为小鸡，最后窝囊地在鸡窝里待了一辈子。有的人在没成功之前永远都不会相信自己能成功。正是因为这种心态，他们永远都失去了成功的希望。

一个人在高山之巅的鹰巢里，捉到了一只幼鹰。他把幼鹰带回家，养在鸡笼里。这只幼鹰和鸡一起啄食、散步、嬉戏和休息，因此，它一直以为自己是一只鸡。

这只鹰渐渐长大，羽翼丰满了，主人想把它训练成猎鹰，可是由于它终日和鸡混在一起，它已经变得和鸡完全一样，根本没有想飞的欲望了。

主人试尽了各种办法，连一点效果都没有。在没有办法之下，主人把它带到了山崖顶上，一下把它扔了出去。

这只鹰像一块石头一样一直掉了下去，在慌乱中，它拼命地扑打翅膀，就这样它居然飞了起来！这时，它终于认识到生命的力量，成为一只真正的鹰。

我们每一个人来到这个世界上都十分不容易，既然我们来了，就注定我们要做一件不平凡的事情。因为，我们本来就是鹰，我们没有理由为自己搭一个鸡窝。我们要凭借着自己的知识、智慧和能力，不断地向成功发起冲锋，最后获得成功。

然而在生活中，总有各种各样的打击和不幸，让我们误以为自己是一只鸡，一只永远都不会有天空的鸡。为此我们不去努力，不去争取美好，为此我们对成功不抱任何希望。试想，对于一个对成功不抱任何希望，又不愿意去努力的人来说，怎么可能成功呢？或许有人会说，生命不是为了财富而来，自己已经做到了淡泊明志。但是我们所说的成功，不是指财富，而是指作为一只雄鹰应该追求的人生意义。

做人就要学会将自己的生命迎着太阳燃烧起来，而不要躲在昏暗的鸡窝里发霉。发霉的生命是没有价值和意义的。

锲而不舍，金石可镂

人有聪明和笨之分，但那只不过是脑袋速率上的区别。一个聪明的人如果凭借自己的聪明，陈词滥调、反复炫耀，流于喧嚣，最后必然一事无成。而相反，一个笨的人，如果能够锲而不舍，有水滴石穿的精神，那么也是可以获得大成功的。

曾国藩是中国历史上最有影响的人物之一，然而他小时候的天赋不高。有一天在家读书，对一篇文章不知道重复读了多少遍，因为，他还没有背下来。这时候他家来了一个贼，正潜伏在他的屋檐下，希望等到这个读书人睡觉之后捞点好处。可是等啊等，就是不见他睡觉，还在翻来覆去地读那篇文章。于是这个贼大怒，跳出来说："像你这种水平读什么书啊？"然后将那文章背诵一遍，扬长而去！这个贼是很聪明，至少比曾国藩要聪明得多，但是他只能成为贼。

一个人因为自己笨，就觉得自己无法取得成就，显然是在为自己的懒惰找借口。如果笨，能够选择古人的方法，人家学一遍会的，我学十遍；人家学十遍会的，我学一百遍。如果能做到这一步，那么即使是笨，渐渐地人也会变得聪明起来。

生活中，很多人之所以不成功，绝对不是因为他笨，而是因为他懒，他没有坚持做一件事情的毅力。对于一个聪明人来说，最大的陷阱就是选择太多，因为选择多，所以他们没有办法坚持。而相反，有些时候，一些很笨的人反而能创造奇迹，或许是因为这些人没有太多的选择，所以他们选择将自己能做的事情做好，因此集中了精力，最后取得了成就。

有些时候，我们所拥有的东西，甚至是一些取得成功的基本东西都成为了我们的掣肘。

人需要有一种坚持的精神，通过一种坚持，不断地让自己集中精力做大事情，取得大成功。生活中的很多人，他们有太多的事情能做，但是他们没有办法把一件事情做透，最后导致自己不具备穿透力。没有穿透力的生命是不会有大成就的。

做人，就要学会一种精神，一种坚持的精神。这种精神和自己是否聪明无关，和自己现在的处境无关，和自己的能力和实力无关，它只和大成就有关。取得大成就的人必然是能坚持的人。

不要陷入温水煮青蛙的困局

生活中的安逸和快乐，让我们觉得很舒服。这也是我们每一个人的追求之一。但是我们不能沉溺于这种安逸和快乐。有的人或许认为人生最终不过是"躺在沙滩上晒太阳"，因此当安逸和快乐的时候应当今朝有酒今朝醉。事实上，人生并不是"晒太阳"这种故事的轮回，当你拥有很多的时候和你一无所有的时候晒太阳的心境是完全不同的。为此，我们一定要在平时的安逸和快乐中保持一份警醒。

19世纪末，美国康奈尔大学做过一次实验。

研究人员捉来一只健硕的青蛙，冷不防把它丢进一个煮沸的锅里，这只青蛙在千钧一发之际，用尽了全身力气，跳出了锅，最后安然逃生，没有受到丝毫损伤。

过了半小时，研究人员又使用了一个同样大小的铁锅，往锅里放进冷水，然后把刚才那只刚刚死里逃生的青蛙放了进去。这只青蛙很是自在地游来游去，接下来，实验人员在锅底偷偷地用炭火加热，而青蛙丝毫没有觉察，悠然自得地在微温的水中享受"温暖"。

慢慢的，锅中的水越来越热，青蛙感觉到有些不对劲，此时青蛙只要奋力跳出就能活命，但是为时已经太晚，青蛙跳不起来，浑身发软，最后呆呆地躺在水里，坐以待毙，直至被煮死。

骤然降临的巨大危险尚能躲过，但渐渐侵蚀的危险却让人难以察觉，直至深陷其中难以自拔。我们不能陷入温水煮青蛙的困局之中。但是现实生活中确实有很多人重复着同样的悲剧。事实上，很多时候，我们不是不能看清楚这样的结局，我们只是缺少行动，总存在着侥幸的心理。

在生活中，我们不能存在丝毫侥幸的心理，我们每一天都有可能堕入到温水煮青蛙的困局当中，为此我们要保持一份醒思，同时还要采取切实的行动，通过行动来自觉抵制这种被软化的命运。

做人就要及时跳出安逸和快乐，要有战斗的勇气和行动，通过不断地改进，让自己得到更高更自由的选择。

把命运转换成使命

有些时候，人生接踵而来的失败会极大地打击我们的信心，甚至摧毁我们的信念。这种命运谁都有可能遇见，但是成功的人会把命运转换为使命。有的人或许不明白这种转换，他们甚至认为是阿 Q 的精神胜利法。事实上，如果你能将命运转换成使命，你就拥有了力量和希望。这不是词和词的简单区别，而是一种状态和另一种状态的天壤之别。

在古希腊神话中，有一个关于西齐弗的故事。西齐弗因为在天庭犯了法，被天神惩罚，降到人世间来受苦。天神对他的惩罚是：要西齐弗推一块石头上山。

每天，西齐弗都费了很大的劲把那块石头推到山顶，然后回家休息。可是，在他休息时，石头又会自动地滚下来。于是，西齐弗就要不停地把那块石头往山上推。这样，西齐弗所面临的是：永无止境的失败。天神要惩罚西齐弗的，也就是要折磨他的心灵，使他在"永无止境的失败"命运中，受苦受难。

可是，西齐弗不肯认输。每次，在他推石头上山时，他就想：推石头上山是我的责任，只要我把石头推上山顶，我的责任就尽到了，至于石头是否会滚下来，那不是我的事。

再推进一步，当西齐弗努力地推石头上山时，他心中显得非常的平静，因为他安慰着自己：明天还有石头可推，明天还不会失业，明天还有希望。天神因为无法再惩罚西齐弗，就放他回了天庭。

我们是否曾经感觉到像西齐弗一样永无止境的失败，我们想成功，但始终成功不了，我们甚至不明白到底是什么地方做错了，什么地方需要再改进。其实此时的心境远没有像西齐弗推石头上山那么凄凉。我们想想如果我们是西齐弗，天天重复着简单无聊的体力劳动，同时还要接受精神上永无休止的彻底打击，我们能否接受？在日常的生活中，我们的事业不是那么简单无聊，我们的精神也不会受到那种打击，我们为什么不能有西齐弗一样的精神，把这种命运的安排转换成自己的使命呢？这样我们会更加勇敢。

做人，就要学会接受命运，但不屈服于命运。当自己没有办法改变命运的时候，甚至缺少勇气的时候，我们要善于将其转换成使命，通过使命让自己变得有力量起来，让自己变得坚强起来。

有些固有的习惯会破坏自己的追求

因为受到生活中很多固有的习惯影响，我们会给自己累加上很多无所谓的东西。这些东西会破坏自己对生活最本质的要求。有的人认为生活本应该多姿多彩。多姿多彩没人反对，但因为姿彩过多，而让生活迷失了本质，就是误人的事情。

有一位禁欲苦行的修道者，准备离开他所住的村庄，到无人居住的山中去隐居修行，他只带了一块布当作衣服，就一个人到山中居住了。后来他想到当他要洗衣服的时候，他需要另外一块布来替换，于是他就下山到村庄中，向村民们乞讨一块布当作衣服，村民们都知道他是虔诚的修道者，于是毫不犹豫地就给了他一块布，当作换洗用的衣服。

当这位修道者回到山中之后，他发觉在他居住的茅屋里面有一只老鼠，常常会在他专心打坐的时候来咬他那件准备换洗的衣服，他早就发誓一生遵守不杀生的戒律，因此他不愿意去伤害那只老鼠，但是他又没有办法赶走那只老鼠，所以他回到村庄中，向村民要了一只猫来饲养。

得到了猫之后，他又想："要吃什么呢？我并不想让猫去吃老鼠，但总不能跟我一样只吃一些野菜吧！"于是他又向村民要了一头乳牛，这样那只猫就可以靠牛奶为生。

但是，在山中居住了一段时间以后，他发觉每天都要花很多的时间来照顾那头母牛，于是他又回到村庄中，他找了一个可怜的流浪汉，于是就带着无家可归的流浪汉到山中居住，帮他照顾乳牛。

流浪汉在山中居住了一段时间之后，他向修道者抱怨："我跟你不一样，我需要一个太太，我想要正常的家庭生活。"修道者想一想也有道理，他不能强迫别人一定要跟他一样，过着禁欲苦行的生活。

其实，这个故事如果继续演变下去，不过几年，在修道者的身边一定会形成一个村落，修道者的追求也就不复存在了。

做人，就要认清楚对自己生命最重要最根本的东西，通过抓住这些东西来获得生命更大的意义，而不要给自己的生命添加过多的累赘。

把生存的起点放得低一些

人要想获得更多更大的生存空间，就要善于将生存的起点放低一些。很多时候，正是因为我们不肯"屈尊"，导致我们的生存空间变得很是狭窄。有的人往往把自己的生存起点放得很高，放在别人和一系列条件之上，这样却往往限制了自己的发展。

著名诗人萨迪在讲到自己从不抱怨命运时说了他的一次遭遇。

一次，萨迪没有钱买鞋，只能赤脚到教堂去。进教堂前，他确实感到沮丧和不幸，而当他在礼拜堂里看到一位没有脚的人时，才发觉自己并非这世界最不幸的人，并不再以穷困得没有鞋子为苦，于是他这样写道：

"在饱足人的眼中，烧鹅好比青草；在饥饿人的眼中，萝卜便是佳肴。"

"人们在沙漠中口渴难耐时所期望的，并非有人扔给你一袋钞票或珠宝，而是一瓢能解渴的凉水。人们在身无分文时所期望的，并非腰缠万贯，而是能解决无米之炊。"

人生至味，不过一碗安乐饭，这是我们生存的起点。这并不是说我们不要去追求美好，不要去追求财富。而是说我们并不是没有大量财富就活不了。那些因为渴望财富而置国家法律于不顾、铤而走险的人不仅不会得到财富，而且也不会得到良心的安稳。我们要通过一种正当合法的方式来追求财富，即使追求不到，我们也不会有丝毫的恐慌，因为我们始终抓住了生存的起点。

我们要以比我们成功的人为榜样，不断地追求美好，不断积极向上。同时我们也应该看看比我们生活差的人，我们和他们有同样的生存起点，我们不要将自己的生存起点过于抬高。能上能下、能成功能失败的心永远都不会患得患失。

把自己生存的起点放低还可以消除自己虚骄的心，让自己更加清楚地认识自己，这也是成功的基石。

做人就要学会将自己生存的起点放低一些，这样会让自己更加有勇气，同时也会更加有理性。

美景不必在远方

生活中，美景其实并不是在远方，而是在我们身边。我们有些时候会把远方和别人的东西想象得过于美好，而忽视了自己所拥有的。有的人或许有得陇望蜀的想法。事实上，如果我们能够真正珍惜身边拥有的一切，我们就已经拥有无限风光了。最害怕的就是那种一心到远方，最后才发现什么是最值得珍惜的。

有一只挑食的小羊，十分不满意主人给它的食物，总觉得农场主人亏待了它，它决定要自行出门找东西吃。

它遇见两只鸡正在愉快地吃着谷粒，但它上前尝了一口马上吐出来，"好难吃！"它说道。

不久它又看到一只猫，正喝着牛奶，而一只狗，则津津有味地啃着骨头，但那些食物，一点都不好吃，它只闻了一下，简直无法忍受那种怪味道。

而最可怕的是看到鸭子吃蚯蚓，对它而言，那真是恐怖残忍的一幕，小羊赶紧跑走了。在农场走了一大圈，所有动物吃的东西，它都觉得不合胃口，甚至还感到恶心。

饥肠辘辘地回到羊圈，它才发现那些为它预备的草料，才是天底下最美味可口的食物，小羊三两下就把草料吃得精光。

这只小羊是幸运的，它可以比较之后再回头。事实上，在生活中，我们很多时候根本就没有比较的机会。当我们不顾一切奔向远方的时候，我们就永远地失去了我们曾经拥有的，我们根本就回不了头。

为什么我们要到失去的时候，才懂得珍惜呢？为什么我们总是认为自己目前拥有的就永远是自己的呢？生活不是这样的。可为什么我们总是犯着同样的错误？对此，我们要改变自己的思维，我们要学会珍惜眼前的一切，我们要让眼前的一切都美好起来。眼前的一切是我们的基础，只有这样，我们才有能力去追求远方的美好。我们做一番事业，成功的基本就是根基牢固，如果我们自己的根基都有问题，我们的事业也会因此而动摇。

做人就要学会珍惜眼前，珍惜自己拥有的一切，不要等到失去，才明白美景就在眼前。

第七章　气度不是表现给别人看的

　　气度，是一个人的生存智慧，是保护神，不是用来表现给别人看的，而是自己内心中确实存在的博大胸怀。

学费不能白交，气度让人感恩

与人交往的过程中，有的事情，别人难免会不得体。他因为这些事情已经万分惭愧了，自己应该继续责备他？还是原谅呢？显然，你责备他，你会少一个朋友，而如果你原谅的话，你就会多一个感激你的朋友，他一定会在某个时候报答你的。有的人也许想到以牙还牙，以儆效尤。事实上，我们如果换位思考一下，如果我们处于他的境地，我们多么希望别人能够宽容，那为什么我们自己做不到呢？

美国 IBM 公司的一位高级经理，因为工作中的失误，给公司造成了 1000 万美元的损失。为此，他心里很难过，心想这次肯定要被炒鱿鱼了。有很多人都向董事长建议把他开除。

第二天，董事长把这个高级经理叫到了自己的办公室。出乎这位高级经理的意料，董事长并没有开除他，而是向他宣布了调任同级新职的决定。高级经理惊诧地问董事长："为什么没有把我开除或降职使用？"董事长微笑着说："如果那样做，我在你身上花的 1000 万学费不就都打了水漂吗？"

后来，这位高级经理发奋工作，为公司做出了巨大的贡献。

世界上没有完人，每一个人都会做错事，你交往越广泛，别人对你做的错事也就越多。如果你这个不原谅，那个不宽恕，到最后自己倒成了孤家寡人一个。你宽恕别人对你做的错事，就会赢得一帮朋友。而这些朋友将最有可能永远支持你。春秋战国时期的楚王原谅了醉酒拉他妃子衣袖的大臣，最后大臣以死相报，攻城略地，最是勇猛。我们宽恕别人的过错，事实上是在为自己增加力量。

我们交往的人不是完人，都是有缺点的人。如果我们的眼睛紧紧盯住别人的缺点，那么我们容易变成一个心胸狭窄的可怜人。但是如果我们能够将眼睛放在别人的优点上，那我们就会心胸开阔，不会因为别人的小缺陷而盲目否定一个人。

做人就要学会宽容别人的过错，不要让过错成为自己和别人之间的隔阂。要想成就事业，宽容别人过错的胸怀是必须有的。

宽容大度，人生修养

生活中，我们难免会遇到心胸狭窄的人，他们或者是我们的朋友，或者是我们的亲人。他们往往让我们丢尽脸面，很是难堪。这个时候，我们是否要怒上心头，拍案而起？显然是不合适。有的人或许认为这样可以让他们学会宽容，是帮助他们。事实上，一个喝醉酒的人无论你怎么说他已经喝醉了，他都是不会相信的。

苏格拉底的妻子是十足的"泼妇"。她心胸狭窄，冥顽不化，喜欢唠叨不休，动辄破口大骂，常使苏格拉底困窘不堪。

有一次，苏格拉底在和学生们讨论学术问题，正当他们互相争论的时候，他的妻子气冲冲地闯了进来，不由分说就大骂了他一通，随后又出外提来一桶水，猛地泼到苏格拉底身上，把苏格拉底的全身都弄湿了。

在场的学生们都以为苏格拉底一定会勃然大怒，斥责妻子一顿。哪知苏格拉底摸了摸浑身湿透的衣服，风趣地说："我就知道，打雷以后，必定会下大雨的……"大家听了，都捧腹大笑起来。

学生们不解地问："老师，您时常教导我们要慈悲、忍让，要懂得做人的道理，而师母的凶悍是远近闻名的，您为什么不教化她呢？"

苏格拉底说道："擅长马术的人总要挑烈马骑，骑惯了烈马，驾驭其他的马就不在话下了。我如果能忍受得了如此凶悍的女人，就能容忍全世界的人了。"

我们要把宽容大度作为人生的修养来提高，我们虽然不一定要成为圣贤，但是我们要学会宽容别人，让别人从自己的宽容中学会体谅，学会克制。生活中有很多人是控制不住自己情绪的，他们一旦情绪上来，什么都挡不住。他们也知道自己的缺点，但是他们还是改正不了。既然我们连自己的仇人都可以宽恕，那为什么我们不能宽恕自己的亲人呢？很多时候，正是因为我们不愿意去宽恕，所以我们把亲人变成了仇人，我们也成为了心胸狭窄的人。

做人就要学会宽容大度，我们把别人的"恶言恶语"和不得体的言行当成是自己的一种修炼，千万别睚眦必报，过于清明。

糊涂是一种难得的气度

世人都希望自己聪明、清明，什么事情都看得清楚明白，其实把事情看清楚明白并不难，一个人经历的事情多了，想得清楚了，自然能够做到。但是要在把事情看清楚明白以后，让自己变得糊涂起来，恐怕对很多人来说都很难。有的人或许认为做人应该始终清明。其实做到清明，只是代表一个人智商高一些，而做人更多的是情商。糊涂是一种难得的情商。

郑板桥在潍县做官时题过几幅著名的匾额，其中最为脍炙人口的是"难得糊涂"这一块。

据考，"难得糊涂"这4个字是郑板桥在山东莱州的云峰山写的。那一年郑板桥专程至此观郑文公碑，因盘桓至晚，不得已借宿于山间茅屋。屋主为一儒雅老翁，自命糊涂老人，出语不俗。他室中陈列了一方桌般大小的砚台，石质细腻，镂刻精良，板桥大开眼界。老人请板桥题字以便刻于砚背。板桥以为老人必有来历，便题写了"难得糊涂"4个字，用了"康熙秀才雍正举人乾隆进士"方印。

因砚台过大，尚有余地。板桥说老先生应写一段跋语，老人便写了"得美石难，得顽石尤难，由美石而转入顽石更难。美于中，顽于外，藏野人之庐，不入富贵之门也。"他用了一块方印，印上的字是"院试第一，乡试第二，殿试第三。"板桥大惊，知道老人是一位隐退的官员，细谈之下，方知原委。

有感于糊涂老人的命名，板桥当下见还有空隙，便也补写了一段："聪明难，糊涂尤难，由聪明而转入糊涂更难。放一著，退一步，当下安心，非图后报也。"这就是"难得糊涂"的由来。

很多时候，人和人之间存在一种尴尬。明明是别人做了对不起你的事情，但是你必须原谅别人。因为你原谅了别人，你会多一个朋友，少一个敌人。但生活中，我们很多人不会原谅，不会宽容，总是抓住别人的过失不放，最后失去了自己的朋友。但是你原谅别人，也要讲究谋略，你不要施舍你的仁慈，你要善于用一种糊涂的方式去让别人找到台阶下。

做人就要学会原谅别人，通过一种糊涂的方式，让别人找到顺当的台阶，这样你就多了一个朋友，少了一个敌人。

君子成人之美

当我们不能完美的时候，我们不但不要自暴自弃，而且在合适的时候，要善于成人之美。很多人在生活中采取一种"我得不到，你也休想得到"的思维，对自己得不到的东西，千方百计加以摧毁，最后导致别人也得不到，甚至包括自己的亲人。事实上，这种思维方式是十分有害的。我们会为这样的想法和做法失去更多。

一个老人在高速行驶的火车上不小心把刚买的新鞋从窗口上弄出去了一只，周围的人倍感惋惜，不料那老人立即把第二只鞋也从窗口扔了下去。

老人的想法是：这一只鞋无论多么昂贵，对自己而言都没有用了，如果有谁能捡到一双鞋子，说不定他还能穿呢！

老人在那一刻能迅速做出这样的决定，说明了这位老人的君子善心。是啊！生活中有很多东西，就像只剩一只鞋一样，留下来对我们没有任何益处，倒不如给别人刚好配成一双。而要做到这一点，我们首先要抛弃"以邻为壑"的思想。很多人有一种不患寡而患不均，不患贫而患不安的思想，对自己周围人的所得十分忌惮，生怕别人比自己多得了一些。为此千方百计地阻难别人，想方设法把别人打压下去。有时候自己得到了东西，看到别人得到更多，心里就很不乐意；自己损失了一些，而别人损失得更多，就满心欢喜。这种思想不会让人成功的，如果做企业家的人有这种思想，那么他的员工不会为他真心做事；如果做朋友的人有这种思想，那么他的朋友不会为他真心考虑。具有这种思想的人是损人不利己的人，是损友，不会有人愿意交往。但是我们生活中确实存在着这种思想和这种人。

我们要有成人之美，对别人美好的东西不要去嫉妒，不要去诋毁，而应该促成它更美好。至于我们自己，要更加努力，要把别人当成榜样来看待，要从自己的心灵里寻找力量去争取更美好的东西。只有这样，整个社会才能不断前行。

做人就要学会成人之美，以一种开放大度的心去接受别人的美好，并把别人的美好当成自己的美好来看待，不要去诋毁和损害它。

只有坦荡的胸怀才能成就伟业

只有坦荡的胸怀才能成就伟业，一心打着自己小算盘的人终究沦为卑微。胸怀宽广的人看问题会比较长远，只有着眼长远的人才能成就伟业。有的人或许锱铢必较，认为属于自己的，谁也不能动，认为只有这种想法，才能够有所作为。事实上，恰恰相反，生活中的所有锱铢必较最后都演绎成捡了芝麻丢了西瓜的故事。

丘吉尔在第二次世界大战结束后不久的一次大选中落选了。他是个名扬四海的政治家，对于他来说，落选当然是件极狼狈的事，但他却极坦然。当时，他正在自家的游泳池里游泳，是秘书气喘吁吁地跑来告诉他："不好！丘吉尔先生，您落选了！"不料丘吉尔却爽然一笑说："好极了！这说明我们胜利了！我们追求的就是民主，民主胜利了，难道不值得庆贺？朋友劳驾，把毛巾递给我，我该上来了！"

真佩服丘吉尔，那么从容，那么理智，只一句话，就成功地再现了一种极豁达大度极宽厚的大政治家风范！

还有一次，在一次酒会上，一个女政敌高举酒杯走向丘吉尔，并指了指丘吉尔的酒杯，说："我恨你，如果我是您的夫人，我一定会在您的酒里投毒！"显然，这是一句满怀仇恨的挑衅，但丘吉尔笑了笑，挺友好地说："您放心，如果我是您的先生，我一定把它一饮而尽！"妙！果然是从容不迫。不是吗？既然您的那句话是假定，我也就不妨再来个假定。于是就这么一个假定，也就给了对方一个极宽容的印象，并给了人们一个极重要的启示——原来，你死我活的厮杀既可做刀光剑影状，更可以做满面春风状。

要成就一番事业，就必须让自己的胸怀坦荡起来。只有坦荡的胸怀，才能接受很多看起来不能接受的命运。我们要用坦荡的胸怀去不断培养自己的德行，去锻炼自己的才干，同时也形成和竞争对手的差别。

心胸狭窄的人往往一意孤行，刚愎自用，他们认为自己什么都是对的，自己要的就一定要得到。但谁遇到过什么都是对的人吗？谁要的东西就一定能得到？即使是历史上文治武功卓绝一世的人都曾有过失和错误，我们这些人肯定也避免不了同样的问题。为此，我们必须有心胸，能够听得见别人的话，能够接受得了别人的批评，也能够不断地改进自己，为自己的事业打下一个开放包容的平台。

做人就要锻炼自己的胸怀，只有广阔的心胸，才能容得下潮涌般的事业。

气度是感化别人的良药

我们经常感叹自己规劝别人，但别人始终不听，我们对别人的关心是费力不讨好。事实上，要说服一个人，主要有三种办法：动之以情、晓之以理、诱之以利。我们常常规劝别人的时候用的是晓之以理，而往往忽视了动之以情。有的人或许认为有理走遍天下，别人应该听。事实上，我们会发现无论是历史还是现实生活，真正被道理说服的人并不是很多，而被感情说服的人不在少数。为此，我们必须培养动之以情的能力。

台湾的一位不知道姓名的禅师，住在深山简陋的茅屋修行，有一天他散步归来，发现自己的茅屋遭到小偷的光顾。当找不到任何财物的小偷失望地离开时，却在门口遇见了禅师。原来禅师怕惊动小偷，一直站在门口等待，而且早就把自己的外衣脱下拿在手中。小偷回头看见禅师，正感到惊愕时，禅师却宽容地说："你走了老远的山路来探望我，我总不能让你空手而归。夜深天寒，你就带上这件衣服走吧！"说完，把衣服披到了小偷的身上。小偷不知所措，惭愧地低着头悄悄溜走了。

禅师看着小偷的背影渐渐消失在茫茫的夜幕中，不禁感慨道："唉，可怜的人，如此黑暗的夜晚，山路又是那样的崎岖难行，但愿我能送给他一轮明月，在照亮他心灵的同时，也照亮他下山的路就好了。"

第二天，当禅师从松涛鸟语的喧闹中醒来时，却惊讶地发现他送给小偷的那件外衣，已整整齐齐地叠好放回到茅屋的门口。老禅师的宽容，最终使小偷良心发现，归于正途。

禅师毫无疑问掌握着很多真理，但是他并没有用自己掌握的道理来对小偷晓以利害，劝说他改邪归正。而是用自己的气度来感化了他。我们站在小偷的角度来考虑，如果偷东西没偷着，还被别人教训了一通，心中自然不服气，其后会产生什么结果，我们不得而知，但是至少有一点是肯定的，小偷是很难改邪归正的。

在生活中，我们很多人偏向于讲道理，生怕自己说出来的道理不精辟，讲出来的名词不新鲜。甚至我们很多人都有好为人师的冲动，抓住一个人就想跟他讲上一通。这种做法短期或许能够得到别人的信服，但是长期来看，不但不会让人信服，而且因为道理过多而产生的"抵抗力"足以让别人当我们是道貌岸然的人。我们本不是那样的人。

做人，就要学会用自己的感情去感动别人，感情的纽带永远比利益的纽带结实。

气度永远不是装饰

气度永远不是装饰，它装不出来，只能从一个人一生一贯的言行中体现出来。我们要做一个有气度的人，就要学会修炼自己的内心，让自己成为一个真正包容的人。有的人或许认为一个人有气度是很简单的事情，不乱发脾气就可以。事实上，真正有气度并不是简单的事情，它需要一个人具备太多的综合素质。生活也在时刻反复地检验着我们的气度。

这是一个刚自越战归来的士兵的故事。他从旧金山打电话给他的父母，告诉他们："爸妈，我回来了，可是我想带一个朋友同我一起回家。""当然好啊！"他们回答，"我们会很高兴见到他的。"

不过儿子又继续说下去："可是有件事我想先告诉你们，他在越战里受了重伤，少了一条胳膊和一条腿，他现在走投无路，我想请他回来和我们一起生活。"

"儿子，我很遗憾，不过或许我们可以帮他找个安身之处。"父亲又接着说，"儿子，你不知道自己在说些什么。像他这样残障的人会对我们的生活造成很大的负担。我们还有自己的生活要过，不能就让他这样破坏了。我建议你先回家然后忘了他，他会找到自己的一片天空的。"

此时儿子挂上了电话，他的父母再也没有他的消息了。

几天后，这对父母接到了来自旧金山警局的电话，告诉他们亲爱的儿子已经坠楼身亡了。警方相信这只是单纯的自杀案件。于是他们伤心欲绝地飞往旧金山，并在警方带领之下到停尸间去辨认儿子的遗体。

那的确是他们的儿子没错，但让他们惊讶的是，儿子居然只有一条胳膊和一条腿。

我们的气度就像一个大海，它宽广博大，能容纳百川。任何人也伪装不了，如果不是真有气度的话也一定学不来。在生活中，我们和亲朋好友相处的时间相当的长，对我们的亲朋好友，我们必须有包容的气度。我们看到很多"曾经恩爱反成仇"的故事，基本上都是因为没有气度所导致的。其实你用一种气度去对待别人，别人也会尽量包容你。而如果你用一种狭隘去对待别人，别人只会慢慢地疏远你。

做人，就要学会培养真正的气度，让真正的气度成为我们生活的"定海神针"，让我们平静而包容的胸怀接纳和我们同行的人。

不要轻视任何人

无论我们取得多大的成就，身居多高的位置，我们都不要轻视任何人，因为没有人弱小到受到侮辱还不能报复的境地。但遗憾的是，我们很多人都会因为自己的得意或者高位而看不起比我们弱小的人，结果也枉送了很多时间和精力，甚至是性命。有的人或许认为人和人之间本来就不平等，居于高位的人有俯视的权利。事实上，生活中没有这种权利，即使有，行使这种权利的人最后也难免会陷入困境。

鹰正在奋力追逐一只兔子，兔子一时无处求助，只好拼命地奔跑。就在这个时候，正巧看见一只屎壳郎，兔子便向他求救。屎壳郎一边安慰兔子，一边向鹰恳求不要抓走兔子，毕竟他向自己求救过。而鹰根本没有把小小的屎壳郎放在眼里，而且当着屎壳郎的面将兔子活生生地吃掉了。屎壳郎感到十分遗憾，而且觉得受到了很大的侮辱。从此以后，他便死死地盯着鹰巢，只要鹰一生下蛋，他就高高地飞上去，把鹰蛋推滚下来，将它摔得粉碎。鹰感到害怕了，于是四处躲避，后来竟飞到宙斯那里，请求宙斯给她一个能够安全地生儿育女的地方。毕竟鹰是宙斯的神鸟，于是宙斯容许她在自己的口袋里生蛋。屎壳郎知道后，就滚了一个大粪团，当着宙斯的面，把它扔进宙斯的口袋中，宙斯立即掏口袋抖落粪团，无意间把鹰的蛋也全掏了出来，扔到了地上。据说从那以后，屎壳郎出现的时节，鹰就没有办法孵化小鹰。

在社会中，我们要获得美好，就像搭桥一样。我们花费了大量的时间和精力去搭桥，甚至有很多人在帮自己，但是只要有一个人存心捣乱，就会让你防不胜防，这个桥也是很难搭成的。为此你要想让自己真正有所成就，就不要让自己产生这样的敌人。

历史上，真正的大英雄往往败于他所不注重的细节，尤其是存心和自己作对的人。而有谁愿意生来就和别人作对？如果不是他感觉受到了深深的侮辱，他不至于在这种事情上处心积虑。为此，在生活中，我们要善于尊重每一个人，哪怕是自己看不起或者厌恶的人。你不要在言语和行动上让他们难堪，要通过一种尊重和平等来获得别人的公平对待。

做人就要学会不轻视任何人，我们没有轻视别人的权利，而且轻视别人也容易让我们过于虚骄，这从根本上对我们不好。

伪善者的气度经不起推敲

一个有气度的人一定是一个懂得善良的人，一个伪善的人所拥有的气度是经不起推敲的。我们要培养自己的气度，培养自己的善良，将这种善良和气度推己及人，不断提高自己的真实程度。有的人或许认为即使是不真实不善良，也丝毫不会影响气度。一个不真实、不善良的人，心中必然有无法逾越的欲望，怎么可能有气度呢？

有一个人自诩他是素食主义者，有一天他抓到一只鳖。他十分想吃这只鳖，但是他已经反复强调自己是素食主义者。于是他想出了一个办法。他支起一个油锅，把油锅煮沸，然后在这个油锅上横着一根筷子。他对这只鳖说："你只要从这只筷子上爬到另一头，我就放过你。"鳖抱着最后一丝希望诚惶诚恐地开始了自己的爬行。过了好大一会，这只鳖居然奇迹般地爬过了油锅。这个人很失望，于是对鳖说："你能不能再爬一遍，我刚才没有看见。"

我们要培养一种经得起推敲的气度，这种气度是以善良和真实作为前提的。只有这种气度才可以让我们的行为连贯，才能赢得别人的心悦诚服。其实一个人要伪装自己是很容易的事情，道貌岸然的话谁都会说，但是到关键时刻，尤其是行动的时候，有气度和没气度的行为方式就有天壤之别。

要做一个真实、善良、有气度的人其实并不难，当你用自己的真心去对待别人，站在别人的角度考虑问题的时候，你的气度就会随之而生。你越为别人考虑的时候，你越能得到别人的尊重，也越能成为别人患难与共的朋友。

当然，讲气度会损害自己眼前的利益，但是从长远来看，一个有气度的人利益不仅不会受到损害，而且会得到极大的增加。就像一个有信誉的人一样，眼前一批货固然会赔钱，但是一旦树立了信誉，赢得了别人的尊重，你就可以获得更多合作的机会，并交到真心的朋友。谁不愿意和有信誉的人做生意？

此外，讲气度不是讲江湖义气，这是完全不同的两个概念。讲气度重点在于我们有一颗善良、真实和大度的心，而讲江湖义气则是朋友之间交往的一种方式。千万不要拿江湖义气如何来衡量气度。

做人就要学会培养真实的气度，这种气度书本上学不来，是在生活中慢慢感悟和培养出来的。

不抛弃，不放弃

很多时候，生活中的亲朋好友会遇到一些危难，我们可以选择置之不理，但是我们掩饰不了内心的善良，我们要不抛弃、不放弃，要尽自己的全力帮助他们一把。有的人也许过于注重自己的个人利益，对自己没有好处的事情坚决不做。其实，一个人的价值很多时候都不是用好处来衡量的，在很多时候，我们都没有理由去抛弃和放弃内心要求我们应尽的义务。

在暴风雨后的一个早晨，在沙滩的浅水里，有许多被昨夜的暴风雨卷上岸来的小鱼。它们被困在浅水里，回不了大海了，虽然大海近在咫尺。但用不了多久，浅水里的水就会被沙粒吸干，被太阳蒸干，这些小鱼都会被干死的。有一个小男孩，他在沙滩上走得很慢，只见他不停地弯下腰去捡起水里的小鱼，并且用力把它们扔回大海。一个行人看见了十分不解，说道："孩子，你救不过来的！""我知道。"小男孩头也不抬地回答。"那你为什么还要扔？没有谁在乎的！""这条小鱼在乎！"男孩儿一边回答，一边拾起另一条小鱼扔进大海，"这条在乎，这条也在乎！还有这一条……"

能帮一点是一点，能帮一片是一片。当别人向我们求援的时候，我们要尽自己的能力，给予别人最大的帮助。我们不要考虑到我们是否能全部帮助别人。就像别人家的炉灶冰冷了，如果没有能力帮别人点燃炉灶，我们应该尽量为别人多送柴火。这才是不抛弃不放弃的精神。其实很多人很会找借口，他不愿意去帮别人，就以不能完全帮助为借口，要么说给别人听，要么说给自己听。其实，如果你是真心帮助别人，别人是能感受到的。哪怕别人处于寒冬，你只有能力送给别人一件棉袄，你真正的朋友也一定会理解你的。

对与我们同行的人，无论是我们的亲朋好友，还是志同道合的战友，我们都要学会不抛弃不放弃。不抛弃不放弃他们，就是不抛弃不放弃自己。每一个人的生活和事业都不可能是自己一手在操持，必然需要别人的帮助，何不将这些人紧紧地团结在自己的周围呢？

做人，就要有不抛弃不放弃的精神。现代社会对一个人的选择实在太多，当你挑得眼花缭乱的时候，一定时刻记住不抛弃、不放弃，不要让伴随你的人感到有丝毫的寒心。

你必须有自己的原则

人固然需要变通，但一个人必须有自己的原则。原则的东西是个人立身之本，是不需要商量和讨价还价的。在与人交往的过程中，气度是重要的，气度中包含着一个人的诚信，诚信不仅是美德，而且是一个人应该坚持的原则。有的人或许认为我对别人诚信，别人对我不诚信，我岂不会吃大亏？事实上，当你有诚信原则的时候，你是一个令你对手都敬重的人，这种人可能会损失小利益，但永远不会吃大亏的。

一个顾客走进一家汽车维修店，自称是某运输公司的汽车司机。"在我的账单上多写点零件，我回公司报销后，有你一份好处。"他对店主说。但店主拒绝了这样的要求。顾客纠缠说："我的生意不算小，会常来的，你肯定能赚很多钱！"店主告诉他，这事无论如何也不会做。顾客气急败坏地嚷道："谁都会这么干的，你不要太傻了。"店主火了，他要那个顾客马上离开，到别处谈这种生意去。

就在这个时候，顾客露出微笑并满怀敬佩地握住店主的手："我就是那家运输公司的老板，我一直在寻找一个固定的、信得过的维修店，你还让我到哪里去谈这笔生意呢？"最后这个店的生意因为这个老板的照顾而日益兴隆起来。面对诱惑，不怦然心动，不为其所惑，虽平淡如行云，质朴如流水，却让人领略到一种山高海深。这是一种闪光的品格——诚信。

不义之财不可取，是这个修理店老板的诚信，也是他的原则。正是因为有这种诚信原则，他才获得了更大的机会。如果一个人做事业不讲究诚信，不择手段去获得利益，那和为了赚钱铤而走险有什么区别。不讲究诚信或许短期内会让你得到利益，但是长期来看，你不仅不会得到利益，而且还会损失朋友和信誉。这些是做事业的人最大的忌讳。

除了诚信的原则之外，我们还要坚持很多的原则，正是这些原则构成了我们的品格，这是我们生命中的闪光点，是值得别人回味的地方。

做人就要学会毫不动摇地坚持自己的原则，一个人有了原则，他就能行得正、坐得直、光明磊落。而没有原则的人，人们都不愿意与其交往。

你得在细节上照顾别人的感受

细节决定成败，在生活中我们要注重细节，要在细节上下足功夫。通过细节体现我们的气度，通过细节赢得别人的尊重。我们习惯上关注于一个人的细节，对于一个未成功的人，如果细节上做得很好，我们相信他一定能成功；而对于一个已经成功的人，如果还注重细节，我们觉得他会获得更大成功。细节能出卖你，也能成就你。有的人或许认为一个人要看大度，有气度的人不会太注重细节。刚好相反，越是有气度的人，对细节越是看重，细节体现了他的气度。

素有"经营之神"之称的日本松下电器总裁松下幸之助有一次在一家餐厅招待客人，一行六个人都点了牛排。等六个人都吃完主餐，松下让助理去请烹调牛排的主厨过来，他还特别强调："不要找经理，找主厨。"助理注意到，松下的牛排只吃了一半，心想一会的场面可能会很尴尬。

主厨来时很紧张，因为他知道请自己的客人不一般。"是不是牛排有什么问题？"主厨紧张地问。"烹调牛排，对你已不成问题，"松下说，"但是我只能吃一半。原因不在于你的厨艺，牛排真的很好吃，你是位非常出色的厨师，但我已80岁了，胃口大不如前。"

主厨与其他的五位用餐者困惑得面面相觑，大家过了好一会才明白怎么一回事。"我想当面和你谈，是因为我担心，当你看到只吃了一半的牛排被送回厨房时，心里会难过。"

我们要善于在细节上照顾别人的感受。我们的言谈举止都会向别人表明我们的态度，言谈举止过于粗糙，很容易让别人产生不被尊重的感觉。为此，我们要站在别人的角度考虑问题，考虑到自己的决定会给别人带来什么样的感觉。

做人，就要在细节上照顾别人的感受，你在细节上越注重，别人对你的感激之情就会越深，也越容易心悦诚服。

不要苛求别人的完美

我们不但要求自己不要成为一个完美的人，同时也不要苛求别人的完美。我们与人交往容易苛求别人的完美，不能包容别人的缺点。有的人更是希望与自己交往的人个个都是完人，没有任何瑕疵。这怎么可能呢？我们自己本身就不是一个完美的人，却去要求别人的完美，这难道不好笑吗？

有一个男人，他一辈子独身，因为他在寻找一个十分完美的女人。当他七十岁的时候，有人问他："难道你这一辈子到处走动，居然没有发现一个完美的女人？"那老人变得十分悲伤，他说："我曾经确实碰到了一个十分完美的女人。"那个人不解地问道："那你为什么不和她结婚呢？"老人变得更加伤心，回答说："我也想，可她也正在寻找一个完美的男人。"

我们与一个人交往，并不在于这个人的完美程度，而在于这个人有些闪光的点深深吸引了我们。如果我们与人交往过于看重别人的完美无缺，那么最后能与我们交往的人必然是少数，毕竟水至清则无鱼。这导致的结果不是别人陷入了孤立，而是我们陷入了孤立之中。相反，如果我们能够做到不苛求别人的完美，而只看重别人的优点，我们就能团结一大批人。

生活中有些人，从来就没有把眼光放到自己的缺点上，而是紧盯着别人的缺点不放。发现别人的缺点，是再容易不过的事情。我们每一个人都有缺点，而且随着我们与别人交往越深，我们发现他们的缺点自然就越多。如果我们紧盯着别人的缺点，那么显然我们不适合和别人有深交。如果不和别人有深交，那不过是萍水相逢，而不是真正的朋友。

我们在社会上立足，需要和太多的人交往，需要太多的朋友来支持和帮助我们。我们何必因为别人的缺点而让自己陷入困顿呢？这些缺点在很多时候都与自己毫无关系。对于别人来说，他们也不是生活在我们的眼睛里。如果我们对他们的缺点过于注重，定然会引起别人的不满，即使你是有心提醒，也会起到不好的效果。

做人，就不要渴求别人的完美，没有人是完美的。

从容地生活，与贫富无关

虽然我们说拥有大量财富的成功人士和始终贫穷的渔夫同时在沙滩上晒太阳，他们也是有区别的。但是这种区别和个人的贫富是无关的。一个人无论是穷是富，生活都给了他一天二十四小时，一年三百六十五天，他可以按照自己的意愿去支配这些资源，获得一种从容的生活。有的人往往对财富很看重，财富多的人生活就会从容，财富少的人生活就会窘迫。固然穷人和富人在经济拮据程度上会有些差别，但是在能否从容生活这一点上是没有任何差别的。

一个富有的旅行者看见一个贫穷的渔夫也悠闲地在这举世闻名的海滩晒太阳，感到很不可思议，忍不住走上前去问他。

"你为什么不工作呢？"

渔夫答："我今天已工作过了，打上的鱼已够我一天所用。"

旅游者很可惜："那你可以打多一点鱼，多赚点钱呀。"

渔夫："要那么多钱干什么？"

"可以买更多的船，打更多的鱼呀。"

富翁继续想象："还可以有自己的船队，然后建立远洋航运公司……最后当上百万富翁。"

渔夫："当了百万富翁又怎样呢？"

富翁："那时你就可以什么都不用做，可以躺在世界上最著名的海滩上晒太阳啊。"

渔夫哈哈大笑："我现在不正在这里晒太阳吗？"

一个人无论是穷是富，都可以选择一种从容的生活。一个人勇敢的力量来自心灵，而只有他选择了从容，才有静下心来寻找勇气的可能。生活中有太多的尘嚣和流行，严重干扰了我们的思考。

一种从容的生活，其实是很多人一直苦苦追求的。我们生活在一个生活成本快速增加的时代，无论是我们的精神还是物质，都十分的局促。我们一直想通过自己的努力来获得一种从容的生活。事实上，这种生活并不是自己拥有大量物质财富才能做得到，境由心生，我们完全可以通过自己的内心，让自己的心境和处境都变得富有和从容。

做人就要学会选择一种从容的生活，从容不迫的状态能促发我们对未来对人生的思考，让生命更加有意义。

人终究是要舍弃的，要有舍弃的气度

很多东西，无论我们愿意或者是不愿意，最终都将被舍弃。像葛朗台那样的守财奴，吝啬一生积攒的财富，最终还是没有能一起带上天堂。有些东西，我们终究是要失去的，不妨用一种舍弃的气度去对待它。有的人不愿意舍弃任何东西，尤其是财富。但生活往往需要舍弃。

有个富翁对自己窖藏的葡萄酒非常自豪。窖里保留着一坛只有他知道的、某种场合才能喝的陈酒。

一天州府的总督登门拜访。富翁提醒自己："这坛酒不能仅仅为一个总督启封。"

又一天地区主教来看他，他自忖道："不，不能开启那坛酒。他不懂这种酒的价值，酒香也飘不进他的鼻孔。"

后来王子来访，和他同进晚餐，但他想："区区一个王子喝这种酒过分奢侈了。"

甚至在他儿子结婚那天，他还对自己说："不行，接待这种客人，不能抬出这坛酒。"

许多年后，富翁死了，像花的种子一样被埋进了地里。

下葬那天，陈酒坛和其他酒坛一起被搬了出来，左邻右舍的农民把酒统统喝光了。谁也不知道这坛陈年老酒的久远历史。对他们来说，所有倒进酒杯里的仅仅是酒而已。

一个人得到不容易，舍弃更难。但我们要不断前行，就必须舍弃一些东西。从人生的终极意义来说，最后都难免会沦为尘土。即使我们不愿意舍弃任何东西，最终我们都将什么都带不走。看看那些取得大成功的人士，事业有成以后往往向慈善的方向发展，不断散掉自己的财富。这是有远见的。即使再不想散的人，最后终究还是要散掉。

从终极意义来看，最后人终究是要全部舍弃的。从现实来看，人之所以要舍弃，是为了获得更多的美好。当我们舍弃一些东西，去帮助了更多的人的时候，别人也会用他们的美好来成全我们。正是在这种互利之中，我们才得以以不断地提高，影响力也得以不断扩大。

做人，就要看得长远，要培养自己舍弃的气度，而不要过于吝啬。

第八章　每一个人都离不开身边人的帮助

我们要和我们身边的人成为朋友，不要远交近攻，以邻为壑。很多时候，远水救不了近火，你离不开身边人的帮助。

独木难支，注意和身边的人多交往

一个人要想做一番事业，就一定要有一帮志同道合的朋友，至少你能团结一帮人。只有一帮人的努力，才能成就更大的事业。有的人往往崇尚个人英雄，个人创造历史和奇迹。事实上，如果我们细心观察，并不是个人创造了历史和奇迹，而是个人善于团结一帮人顺应历史，然后创造奇迹。毕竟无论是过去还是今天，都是独木难支的。

一个制造企业聘请了一位有特殊管理专长、却在专业技术方面并不是很强的厂长。因为前任的厂长在专业技术方面十分专精，再加上多年的相处和工作习惯，所以厂内的员工对新任的厂长并不服。不但对于新的管理改革方案不热心配合，而且看到他就远远地躲开不愿接近。新任厂长看到这种情形，认为自己该和他们打成一片才可以贯彻自己的管理改革措施。

第一个月他经常带一些小礼物，在晚间到两位主管的家里，和他们及家人谈天说地，后来几乎是无话不谈，他也就因此了解了主管们一些不为人知的小缺点。

第二个月开始，他和两位主管取得了共识，两位主管时时在晚上到厂长的家里喝茶，报告一些厂里员工的特殊的个性或是近况，并且将自己遇到的一些事也作了一番报告。这样，新厂长就对厂里的员工们有了比较详细的了解。

上班的时候，只见厂长四下走动。

当看到仓库的小姐，他就说："嗨！我看到过你的男朋友在工厂门口等你，他好帅好高啊！今天他来吗？"其实他并不曾遇到过女孩的男友。

"嘿！听说你儿子功课特棒，他的脑袋瓜子一定跟你一样聪明。"

新厂长经常和大伙儿一起在餐厅用餐，一边吃一边将两位主管的一些小缺点都讲出来，而和厂长早有默契的两位主管，在一旁只是傻笑。

没有多久，厂里便上上下下打成一片，新厂长的管理改革政策也获得了普遍的支持。

不要去迷信个人英雄，我们可以凭借个人的激情去激发自己的潜能，但是要成就大事，你就必须有一帮认同你的人。只有你团结了这帮人一起行动，你的事业才能够获得更大的成功。

做人，就要明白独木难支，不要试图去逞个人威风，要善于团结一大帮人，顺应历史，创造奇迹。

行动比威严更容易说服别人

要想说服别人，我们要善于运用行动的力量。在今天的社会中，我们每天听到的道理实在太多，好像每一个人都能说上几句，每一个人说的道理都能站住脚跟。在这种情况下，你要想说服别人，就要善于运用自己的行动，而不是你的道理和威严。尤其是你有威严的时候，你更是不能滥用这种威严。有的人往往以威服人，没有和别人做良好的沟通。威严是会变的，也不会让人心服口服。

一位德高望重的长老，在寺院的高墙边发现了一把座椅，他知道有人借此越墙到寺外。长老搬起了椅子，凭感觉在这儿等候。午夜，外出的小和尚爬上墙，再跳到"椅子"上，他觉得"椅子"不似先前硬，软软的甚至有点弹性。

落地后小和尚才知道椅子已经变成了长老。小和尚仓皇离去，这以后一段日子他诚惶诚恐地等候着长老的发落。但长老并没有这样做，他压根儿没提及这"天知地知你知我知"的事。小和尚从长老的宽容中获得启示，他收住了心再没有去翻墙，通过刻苦的修炼，成了寺院里的佼佼者，若干年后，成为这座庙的长老。

有位老师发现一位学生上课时时常低着头画些什么，有一天他走过去拿起学生的画，发现画中的人物正是龇牙咧嘴的自己。老师没有发火，只是和蔼地笑着，要学生课后再加工画得更神似一些。而自此那位学生上课时再没有画画，各门功课都学得不错，后来他成为颇有造诣的漫画家。

不要试图否定你不认同的人，绝大多数时候，我们之所以不认同是因为我们没有站在他们的角度去考虑问题。每一个人都有自己的兴趣和爱好，都有自己愿意做的事情，我们要学会尊重和包容。只有你尊重和包容了别人的兴趣和爱好，别人才会包容你的，或者选择跟随你。你的包容更是感化别人的力量。在生活中千万不要试图用陈词滥调的说教去打动别人，而要善于用自己包容他们的行动。

做人就要善于运用行动，而不是所谓的威严。行动是人们最好的老师，它对人的教育能沁人心脾。而威严只不过能让人口服，防民之口甚于防川在这里也适用。

不要让身边出现拆桥的人

朋友不怕多，仇家只怕一个。在生活中，我们需要很多的朋友，他们能够和自己一起成就一番大事，但是我们在生活中很忌惮出现仇敌，因为只要有一个仇敌和自己针锋相对，我们前期做的很多成就往往功亏一篑。有的人不怕仇敌，在他们看来不遭人妒是庸才。其实无论自己是庸才也罢，是奇才也罢，遭人嫉妒始终是不好的事情，因为你树立的仇敌，说不定会成为你身边的一颗定时炸弹，在你最春风得意的时候引爆。人越是成功，越要学会谦卑，不是为了惺惺作态，而是为了获得更大的成功。

李四为人挺好，能力也佳，却总是官途不顺。他自己也纳闷："有人跟领导搞不好关系所以才不被提拔，我跟领导关系倒是不错，怎么也不起作用呢？"

星期天，他正烦着，见儿子和同学下跳棋，就凑过去解闷儿。儿子总是输，于是他帮儿子出主意："你不会给自己多搭几座桥吗？"

搭桥——下跳棋的一种捷径，每搭一座桥，就可以连跳好几步，事半功倍。棋局大有起色，李四得意洋洋，就势教导儿子："生活就跟下棋一个道理，学会给自己多搭几座桥，多寻求一些帮助和捷径，路才好走。"儿子连连点头。

儿子的同学笑而不语，移动两个棋子儿，就把儿子刚设好的棋路给堵死了。于是，棋局又一次急转直下，儿子又输了。

儿子的同学得意地说："看到了吧？这就叫拆桥。桥搭得再好，碰上一个拆桥的，你就输定了。所以，要赢棋不但要搭桥，还要防着别人拆桥，关键时刻还要学会拆别人的桥，这才能走得比别人快呀！"

李四大怔，接着大悟，然后仰头长啸。半年后，李四官途畅通，势如破竹无人能阻。

实际上，拆桥永远比建桥容易，而且很多人心中有"不患寡而患不均，不患贫而患不安"的意识。为此当一个人成功的时候，信服他的人往往比嫉妒他的人要少得多。因此当我们取得成就时，要善于将这种成就带来的得意消除。不要想着在别人面前炫耀，更不要趾高气昂地表现自己，越是有成就，越要把自己放得更低。试想一下，和有成就的你来比，别人可能会有些谦卑，当你还用一种得意的姿态在他们面前出现的时候，难免会对你产生极强的嫉妒，而这种嫉妒往往使他人失去理智，疯狂地和自己作对。

做人就要学会无论是得意还是失意，始终都要保持自己的谦逊。

奚落别人，难免会让人奚落

奚落别人的习惯要不得，奚落别人的人最终难免会被别人奚落。哪怕我们并没有恶意，也不要由着自己的性子口无遮拦。生活中，我们每一个人都有自己的价值观念，当我们的价值观念和别人不同的时候，我们往往会采取一种方式反对。这个时候我们可以认真地反对，也可以装作不理，但是最好不要采取奚落和讽刺的方式，这对别人来说往往是一种含沙射影的侮辱。有的人往往认为讽刺是最有力量的，它能让别人无地自容。事实上，讽刺的力量在于增强别人的仇恨，讽刺往往上升到做人的高度，没有人受到侮辱的时候不起来反抗的。

孔融 10 岁那年，跟着父亲到了洛阳。当时李元礼名声很大，做着司隶校尉的官。上他家门拜访的人，只有名流雅士和近亲才能通报接待。孔融慕名前往，来到门前，对守门官说："我是李府君的亲戚。"通报以后，请他进去入座。李元礼问道："您和我有什么亲？"孔融答道："从前我的先祖仲尼和您的先人伯阳有师从关系，这么一来小人和您是一代代传下来的世交呢？"听了这话，元礼和宾客没有人不以为他是奇才。太中大夫陈韪来得晚些，人们把孔融刚才的话告诉了陈韪。陈韪不以为然地说："小时候机灵，长大未必聪明。"孔融接过陈韪的话头说："想想陈先生小时必定机灵。"陈韪给窘得手足失措。

我们要用一种善良和善意去对待别人，我们要照顾别人的感受和境地，即使非常不认同别人，我们也应该光明磊落，坦荡胸怀地去对待别人，而不要凭借口舌之利去挖苦别人。挖苦别人从根本上讲是侮辱了一个人的人格，当一个人的人格受到侮辱的时候，往往很简单的事情就变得复杂了，往往可以讲得清道理的事情就变得是非不清了。为了活跃气氛，有些人喜欢拿别人开玩笑，其实人不应该拿别人开玩笑的，要开玩笑就尽量开在自己身上。因为对方如果心情好，或者置之一笑，但如果心情不好，就会以为你是有意挖苦。如果只是为了活跃气氛，何必冒这个风险呢？

做人，就要学会尊重别人，而不要去奚落别人，不管自己有没有恶意，都应该做到尊重别人和自我尊重。

身边的人是自己一面面镜子

我们身边的人都是自己的一面面镜子,都可以照出自己的优点和缺点来。很多时候,我们会听到这样的抱怨:为什么他总是针对着我?为什么他总是看我不顺眼……,当遇到这种问题的时候,我们不要先认为别人一定有问题,别人太过于针对性了。我们一定要想这个问题的原因,为什么是我呢?是因为在对待他的问题上,我和别人有所不同。这种不同往往就在于我们自己的错误或者过失。有的人崇尚走自己的路,让别人说去吧。这种态度在很多时候都是有助的。但是在我们和别人交往的时候,如果始终抱着这种态度,我们就容易陷入到过于自我之中,其实我们身边的每一个人都是我们的一面镜子,可以照出我们的优点和不足,我们要善于运用这面镜子来不断提高自己。

苏东坡与佛印禅师是很好的朋友。有一天,他和佛印禅师一起坐禅。

苏东坡说:"大师,你看我坐在这里像什么?"

"看来像一尊佛。"佛印说。

苏东坡讥笑着说:"但我看你倒像一堆大便。"

"因为自己是佛,看别人也会像佛;自己是大便,看别人也会像大便。"听了苏东坡的话,苏小妹如此说。

其实看到别人是什么,往往我们心中就有什么。当我们看到别人满是缺点的时候,我们一定要反省自己是否千疮百孔;当我们对别人嗤之以鼻的时候,我们一定要衡量一下自己的度量,是否真的容不下别人。只有通过这样一种方式,我们才能得到不断的提高。

做人,要善于与人为善,要善于将别人的批评和建议当成促进自己行动的力量。我们不要去指责别人,当我们有些话觉得非要说出口不可的时候,我们一定要先问问自己是否也存在着同样的问题。如果我们不存在的话,我们怎么会反应这么激烈。

善于把别人当镜子来看，就要学会接受。与脾气暴躁的人交往，可以锻炼我们的从容；与小肚鸡肠的人交往，可以培养我们的大度……，通过这种方式来不断否定不成熟的自己，是获得进步的最好方式。

做人，就要学会把身边的每一个人都当成镜子。当看到别人优点的时候，要善于学习，将他作为自己的榜样；当看到别人不足的时候，我们要善于自我检讨，不要让自己重蹈覆辙。同时，不管怎么样一个方式，你都应该善待你的镜子，因为正是他们促进了你的提高。

狮子不会伤害好朋友

即使是狮子也有好朋友，它不愿意也不会去伤害。对于我们每一个人来说，我们不仅不能嫉妒别人的成就，害怕他变成狮子之后会伤害自己。同时即使有一天我们成为了狮子，我们也不要去恣意伤害别人，不要狂妄到众叛亲离的地步，即使连狮子都有自己不愿意伤害的人。有的人要么害怕别人过于强大，最后伤害了自己；要么自己成了狮子以后，就恣意伤害别人。我们要有所畏惧，不要做这样的事情。

从前，有个骑士正在打猎取乐的时候，迎面走来一头一瘸一拐的狮子。狮子举起一只脚给他看。骑士跳下马来，从狮子脚上拔出一根尖刺，又给伤口涂了一些油膏，伤口很快就愈合了。过了一些时候，国王也到森林里打猎，捉住了这头狮子，把它关起来养了好多年。

后来，骑士冒犯了国王，就逃到从前常常打猎的那个森林里避风险。他在那儿拦路抢劫，杀害了许多旅客。国王不能再容忍，派军队将他捕获归案，并判处他受饿狮吞噬之刑。

骑士就这样被抛进狮窟，恐惧地等待着被吞噬的时刻。不料狮子仔细地把他打量了一番，记起他就是从前的那个朋友，于是，亲昵地偎在他身旁。

一人一兽就这样过了七天七夜，没吃一点东西。这消息传到国王耳朵里，他惊奇不已，叫人把骑士从狮窟中带上来。

"朋友，"国王说，"你用什么方法叫狮子不伤害你呢？"

"陛下，有一次我骑马路过森林，这头狮子一瘸一拐地走到我面前。我从它脚上拔下一根大刺，后来又治愈了它的伤口，因此它饶了我。"

"好，"国王道，"既然如此，那就好好改过自新。"

骑士叩谢国王恩典。从此以后，他事事小心检点，一直活到高龄才安然逝去。

生活中，我们一定会遇到很多对自己怀有善心的人，他们帮助过自己。对这些朋友，我们一定要怀着感恩的心，在适当的机会以一种适当的方式对别人表示感谢，不要重蹈曾经的朋友反目成仇的悲剧。人一定要怀有一颗感恩的心。只有这样，一个人在失意的时候，才会拥有很多朋友和良好的信誉，在得意的时候也不会狂妄自大，进而取得更大的成就。

做人，就要有感恩的心，通过一种感恩的心去对待生活中每一个人，尤其不要让曾经帮助过我们的人寒心。

与人为善，用好意对待周围的人

人要怀着一种善意去对待别人，要学会与人为善，不要随意去怀疑别人的动机，否则不仅会破坏自己的信誉，而且会让身边的好心人心寒。有的人往往怀疑一切，去考究别人的动机。因为在他们的潜意识中，人都是自私的。事实上，生活中，很多人都有利他行为。如果我们用一种怀疑的心态去对待别人的话，我们不仅失去了朋友，而且也会逼迫别人去自私。

大乌龟和小乌龟在一起喝可乐。大乌龟喝完自己的那一份后，就对小乌龟说："你去外面帮我拿一下可乐。"

小乌龟刚走几步，就不走了，回头说："你肯定是支我出去以后，要把我的可乐喝掉？"

"这怎么可能？你是在帮助我啊！"

经过大乌龟一再保证，小乌龟同意了。

1个小时过去了，大乌龟耐心等待着……

2个小时过去了，小乌龟还没有回来……

3个小时过去了，小乌龟仍然未见踪影。

大乌龟想："小乌龟肯定不会回来了。它一个人在外面喝可乐，怎么会回来呢？我干脆把它这一份喝了！"

大乌龟拿起可乐，刚要喝，门砰然而开。

"住手！"

小乌龟就像从天而降，站在大乌龟面前，气冲冲地说："我早就知道，你要喝我的可乐。"

"你怎么会知道呢？"大乌龟尴尬而不解地问。

"哼！"小乌龟气愤地说，"我在门外已经站了3个小时了。"

很多时候，我们在不断考量别人的底线。我们认为一个人对自己不好，会千方百计地通过各种试验来证明，最后证明他果然对自己不好。事实上，我们很多时候都是因为需要这样的一个结果，而采取一系列的行动去逼迫别人对自己不好。为什么我们喜欢去看一个人的本质呢？为什么我们一定要对别人过于苛求呢？如果一个人对自己好，哪怕是有限度的，难道还不够吗？我们何苦要逼迫他最后出现我们所谓的"原形毕露"呢？

做人就要学会与人为善，不要用一种怀疑的心态对待别人。当你对别人付出了坦诚和真实后，别人自然会这样对待你。

自己和别人，关系要处理好

自己和别人的关系，是人生的基本问题。我们不要想着能够一劳永逸地将这个问题处理好。我们要善于站在别人的角度上为别人欢欣喜悦或者痛哭流涕；我们也要站在自己的角度上，尊重别人和自己的愿望，保持相互之间的距离。有的人往往唯恐和别人关系不好，千方百计和别人处理好关系。事实上，和别人处理好关系就一定要懂得平衡，要在自己和别人之间实现关系转换，凡事都要有度。

一位 16 岁的少年去拜访年长的智者。

少年问："我怎样才能变成一个自己愉快、也能带给别人快乐的人呢？"

智者送给少年四句话。第一句是，把自己当成别人。在你感到痛苦忧伤的时候，就把自己当成别人，这样痛苦自然就减轻了；当你欣喜若狂之时，把自己当成别人，那些狂喜也会变得平和一些。

第二句话，把别人当成自己。真正同情别人的不幸，理解别人的需要，而且在别人需要帮助的时候给予恰当的帮助。

第三句话，把别人当成别人。充分尊重每个人的独立性，在任何情形下都不能侵犯他人的核心领地。

第四句话，把自己当成自己。因为你爱别人，所以你也要爱自己。

少年说："这四句话之间有许多自相矛盾之处，我怎样才能把它们统一起来呢？"

智者说："很简单，用一生的时间和经历。"

少年沉默了很久，然后叩首告别。后来少年变成了中年人，又变成了老人。在他离开这个世界很久以后，人们还时时提到他的名字，人们都说他是一位智者。

把自己当成别人，把别人当成自己，把别人当成别人，把自己当成自己。平平常常的四句话，甚至有点绕口令的味道，但却是人生的基本哲理。我们要善于处理自己和别人的关系，要保持对别人的善意和尊重，同时也保持着自尊。

　　要做到这一点，对每一个人来说都不容易。我们要成为一个有智慧的人，那是终极目标。事实上我们生活中的每一个人都行走在追求这种目标的路上。做人不要过于相信自己的智慧，要懂得不断自我提高。不要让自己成为别人的渊薮，也不要让别人成为自己的桎梏，游刃有余地处理好自己和别人的关系。

真诚待人必得真诚回报，反之也是

　　一个人真诚地对待别人，一定会得到别人真诚的回报。相反，如果一个人对待别人很虚伪，那么得到的也将是不真诚。有的人或许希望自己的不真诚能够换来别人的真诚待遇。事实上，一个人真诚与否是很容易看出来的，因为每一个人都有自己的感觉，这种感觉往往很准确。

　　有一天，狐狸请仙鹤吃饭，可他却很吝啬，端出一只平底的小盘子，盘子里盛了一点儿肉汤，他还连声说："仙鹤大姐，别客气，请吃吧，吃吧！"仙鹤一看，非常生气，因为她的嘴巴又尖又长，盘子里的肉汤一点也没喝到，可狐狸呢，张开他那又阔又大的嘴巴，呼噜呼噜没几下，就把汤喝光了，还假惺惺地问仙鹤："您吃饱了吧？我烧的汤，不知合不合您口味？"

　　仙鹤对狐狸笑笑："谢谢您的午餐，明天请到我们家吃饭吧！"狐狸正等着这句话呢，连忙说："好的，明天中午我一定去，一定去。"

　　狐狸一心想在仙鹤家多吃点儿，这天晚饭没吃，第二天早饭也没吃，饿着肚皮，早早来到仙鹤家等着吃午饭了。狐狸一进仙鹤家的门就闻到一股香味儿。他仔细嗅了嗅："嗯，准是在烧鲜鱼，心里不由暗暗高兴。狐狸坐到饭桌前，不一会儿，仙鹤端出一只长颈瓶子放到狐狸面前，指着瓶子里的鱼和鲜汤说："狐狸先生，请吃吧，别客气！"狐狸望着那么一点大的瓶口，他那阔嘴巴怎么也伸不进去。闻着香味，肚子饿得咕咕叫，馋得直流口水。狐狸什么也吃不到，只能看着仙鹤把又尖又长的嘴巴伸进瓶子里，把鱼吃了，汤喝光，还挺客气地劝狐狸："吃吧，放开吃吧！"

狐狸耷拉着脑袋，饿着肚子回家了。

不要想着去占别人的便宜，也不要想着逞自己的精明，没有人傻到失去感觉的地步。我们要用一颗光明磊落的心去对待我们身边的人，尤其是对待我们的朋友。只要你这样做了，你一定能够得到别人的真诚反馈。任何虚伪和做作都会在细节上漏洞百出。因为不是真诚的人，必然会有很多不真诚的地方。

做人，就不要试图去占别人的便宜，要用一种真诚的力量去对待别人，正是这种真诚的力量，让我们交往到更多的朋友。

伤害别人就是伤害自己

不要试图去伤害别人，尤其是你身边的人。我们和很多人其实是唇亡齿寒的关系，当我们为伤害他人而窃喜的时候，我们也毁掉了自己的前程。有的人往往认为别人的损失可能会是自己的利益，因此不择手段地给别人制造损失。事实上，很多时候别人的损失是自己更大的损失，我们要确保自己没有损失，就要学会保障别人的利益。

一只船在海上航行，船舱里藏着一只鼠。鼠偷吃船夫的粮食，咬坏船夫的衣物。船夫恨透了鼠，想捉住它，把它扔到海里去。

鼠有鼠的办法，它使出看家的本领，在船底打洞，它要躲到洞里去，还要把船夫的粮食也搬到洞里藏起来。结果可想而知。这只鼠没有想到，它在船底打洞，不仅毁了船，而且也毁了自己。

生活中，我们一群人形成了一个共生的群体。在这个群体中，我们难免会有矛盾，有冲突，有利益争夺。即使有这些，我们更应该注重的是，如果我们这个群体为了这些打得不可开交的话，我们也就失去了未来。古人说"兄弟阋于墙，外御其侮。"一个群体即使大家吵得不可开交，但一旦外来的侮辱进来的时候，也要团结一致对外。

我们每一个人的成功，很多时候都依赖于一个团队的力量。你要想获得成功，就不要破坏这个团队生存和发展的基础。那么对于一个团队来说，什么是生存和发展的基础呢？显然有很多，但是最重要的一点就是体谅和信任。只有体谅，才能让团队相互理解；只有信任，才能让团队充分发挥战斗力。然而我们一旦为内部利益争夺得不可开交，我们就失去了体谅和信任，我们也就不可能再有成功的希望了。

做人就要学会体谅和信任别人，不要去伤害别人，很多时候伤害别人就是伤害自己。

没有那么多无事献殷勤，只需一个认同就可以

其实，有些时候，我们做人是很可悲的。明明对别人没有任何私心杂念的好，却得不到别人的理解，反而被别人认为是无事献殷勤。有的人往往没有必要对别人好，免得引起别人的误会。事实上，受到别人极大的误解是可悲，但是你能通过不断地对他人好，找到一个真正认同你的人那就足够了。

有位花匠，他家院子里的一株葡萄藤今年结了不少葡萄，花匠很高兴，便摘了一些送给了一个商人，商人一边吃一边说："好吃，好吃，多少钱一斤？"花匠说不要钱，但商人不同意，坚持把钱付给了他。

花匠又把葡萄送给了一个当干部的，他接过葡萄后沉吟了良久，问："你有什么事要我帮忙吗？"花匠再三表示没有什么事，只是想让他尝尝而已。

花匠又把葡萄送给了一位少妇，她有点意外，而她的丈夫则在一旁一脸

的警惕。看样子，他极不欢迎花匠的到来。

花匠又把葡萄给了一位过路的老人，老人吃了一颗后，摸了摸白胡子，说了声"不错"，就头也不回地走了。

那花匠很高兴，他终于找到了一个能真正和他一起分享快乐心情的人。

我们要用一种生活的心态，而不要用一种功利的心态去看待别人的行为。固然每一个人的行为都有自己的动因，但并不是所有的动因都是自己的利益。要是一个人总是很怀疑地看待另一个人，那么他也就失去了生活中很纯真的快乐。

我们要学会生活，要学会在生活中享受欢乐。试问，如果我们认为身边的人都是追逐自己个人利益的人，那么我们怎么可能用一种轻松的心态来享受生活呢？为此，我们要破除我们的成见，破除我们文化中有害的东西，不要想着无事献殷勤，非奸即盗。我们宁可在别人表明了自己的目的之后再作判断，也绝对不应该事先给别人下结论。因为一旦我们下了结论，我们就会犯疑邻盗斧的低级错误。其实，对于别人来说，他只要有一个人认同他就可以了。如果我们处于被怀疑的地位，我们一定不要过于奢求别人会理解。

做人，就要转变一些固有的怀疑观念，用一种信任的心去体谅别人。

学会推功揽过，与人和睦

没有人不犯错，犯错后勇于承认往往能够赢得别人的尊重。不仅如此，其实有些功劳是自己的，有些过错是别人的，我们也要学会推功揽过，这样可以让别人更加信服你。有的人不会把自己的功劳给别人，也不会为别人揽任何错误，他们把这看作真实。其实，很多时候，如果我们能够推功揽过，与人和睦，我们将得到更多。

在一个深山老林里，有两座相距不远的寺庙。甲庙的和尚经常吵架，人人戒备森严，生活痛苦；乙庙的和尚一团和气，个个笑容满面，生活快乐。

甲庙的住持看到乙庙的和尚们天天和睦相处，相安无事，心里非常羡慕，但又不知其中的奥妙所在。于是，有一天他特地来到乙庙，向一位小和尚讨教秘方。

住持问："你们有什么好方法使庙里一直保持和谐愉快的气氛呢？"

小和尚不假思索地回答道："因为我们经常做错事。"

正当甲庙住持感到疑惑不解之时，忽见一和尚匆匆从外面回来，走进大厅时不慎摔了一跤。这时，正在拖地的和尚立刻跑过来，一边扶他一边道歉："真对不起，都是我的错，把地拖得太湿，让你摔着了。"

站在大门口的和尚见状也跟着跑过来说："不，都是我的错，没有提醒你大厅里正在拖地，该小心点。"

摔跤的和尚没有半句怨言，只是自责地说："不，不，是我的错，都怪我自己太不小心了。"

甲庙住持看了这精彩的一幕，恍然大悟。终于明白了乙庙和睦相处的奥妙所在。

试想一下，当我们看到别人犯错的时候，我们将这种过错揽到自己身上，别人会如何感激我们？而当我们拥有功劳的时候，将这种功劳与别人分享，我们又怎么会不和睦相处呢？一个人要想做大事，一定要有调动别人积极性的办法。而推功揽过毫无疑问是所有办法中最高明的一种。

我们不要书呆子气地认为有一说一，尊重事实。事实是需要尊重，但是如果更有利于事情的发展，有些时候，我们超越事实未尝不是更好的选择。

做人就要学会推功揽过，不要让所谓的事实束缚了自己的手脚。

做好人也要讲究手段，不要一味好心肠

做人需要真诚和坦荡，但这并不意味着不需要手段。尤其是做好人，你一定要注意方式，同时基于长远来考虑自己的善举，而不要一味地好心肠。有的人往往认为好人无须讲手段。其实有很多时候，好人的行动要么不被人理解，要么缺少长远的考虑。

从前有一个心肠十分好的人，他想尽可能多地为人们做善事，于是开始琢磨怎么做才能使所有人都不受委屈，让所有人都受益，让所有人都感到生活的平等。

后来这个好心人想出了一个主意。他在人来人往的地方建了一座客店，客店里置办齐了所有能让人们感到舒适和平等的设施，客店里有暖和的客房、上好的炉灶、木柴、灯火，而库房里则装满了各种粮食，地窖里也储藏着各式各样的蔬菜，这个好心人还备齐了各种水果、饮料、床、被褥，里外的服装、靴子，他把自己所能想到的有用的东西都准备好了。

这个好心人做完了这一切就离开了，他想等着看结果怎么样。不久，陆续有些善良的人来这里借住，吃点东西，喝点水，住上一夜，要不就待上一两天，或者一个星期。有时谁需要就拿些衣服、靴子穿，但用完了就立即收拾好，保持原来的样子，以便其他的旅客接着用。所有人走的时候心里都十分感激这个不知名的好心人。

但有一次，客店却来了一伙粗鲁的恶人。他们随心所欲地抢光了店里所有的东西，而且为了这些财物发生了纷争。恶人们开始互相谩骂，接下去就是拳脚相见，甚至互相争抢，故意地毁坏财物，只要别人拿不到就心里舒服。一直闹到把所有东西都毁坏完了，他们才感到自己又冷又饿，于是开始互相埋怨起来，接着骂起这客店的主人来，他们诅咒说，这里为什么搞得这么糟糕，连个看门的人也不给安排，准备的东西又这么少，而且还把形形色色的坏人都放了进来。而另一些人却说这客店根本就没有什么主人，客店本身造得就不好。

　　不久，这些人就离开了客店，又冷、又饿、怒气冲冲，他们只是一味地骂着建造这个客店的主人。

　　做人就要学会即使是当好人，也要讲究手段，不要一味地将自己的行动僵化。

爱身边的人是热爱的起源

　　我们每一个人都想做大事，很多人都热爱这个世界。但是大事那么远，世界那么大，我们应该怎么起步呢？事实上，一个人的爱心不是从自己的宏伟理想出发，而更多的是从自己身边的人出发。我们要将身边的人作为我们热爱的起点。有的人往往以邻为壑，远交近攻，对身边的人没有丝毫热爱。试想，一个对身边人都不热爱的人，我们又能指望他如何去热爱自己的国家。

　　苏霍姆林斯基在他的实验学校大门的正面墙上，曾悬挂着这样一幅大标语："要爱你的妈妈！"当有人问苏霍姆林斯基为什么不写"爱祖国""爱人民"之类的标语时，他说："对于一个 7 岁的孩子，不能讲那么抽象的概念。而且，如果一个孩子连他的妈妈也不爱，他还会爱别人、爱家乡、爱祖国吗？""爱自己的妈妈"这容易懂、容易做，而且为日后进行的爱祖国的教育打下了基础。他还说："必须使儿童经常努力给母亲、父亲、祖父、祖母等带来欢乐；否则，儿童就会长成一个铁石心肠的人，在他的心里，既没有做儿子的孝心，也没有做父亲的慈爱，更没有为人民做事的伟大理想。如果一个人在亿万个同胞里连一个最亲的人都没有，他是不可能爱人民的。如果一个人的心里没有对最亲爱的人的忠诚，他是不可能忠于崇高的理想的。"

　　爱身边的人，就要学会关心他们，要学会体谅他们，通过自己的行动来取得他们的信任和感恩。有时，我们不要想着太遥远的事情，而要学会关注当下，关注我们身边每一个人的命运。我们要通过一系列卓有成效的小事情不断来发展自己，不断地改善着身边人的命运。一个立足长远的人一定关心脚下，一个热爱世界的人一定热爱身边的人，否则我们所说的长远和世界就只是一句空话，就只是徒增自己的烦恼。

做人，就要学会从身边做起，从点滴小事做起，持续而热烈地爱着我们身边的人。

帮助别人就是帮助自己

帮助别人就是帮助我们自己。在对别人的帮助中，我们获得了更多的机遇，进而获得更多的成功。有的人，当自己成功了以后，对别人就忌讳很深，担心自己的成功被别人复制。其实这并没有用一种长远的眼光来看待问题。如果一个人的成功真的很容易复制，那么这种成功本身就是不长远的。如果一个人的成功不容易复制，那么推动一群人共同成功往往让自己获得更多的发展空间。

有一位农民，听说某地培育出一种新的玉米种子，收成很好，于是千方百计买来一些。第一年，他获得了大丰收。他的邻居们听说后，纷纷找到他、向他询问种子的有关情况和出售种子的地方，这位农民害怕大家都种这样的种子而失去竞争优势，便拒绝回答，邻居们没有办法，只好继续种原来的种子。谁知第二年，农民的玉米减产了，原因是他的优种玉米接受了邻人劣等玉米的花粉。

我们要学会去关注别人，去帮助别人。我们要用一种善心善举去将别人的事情当成自己的事情，为别人提供真正的帮助。同时也要通过一种合适的方式让别人去理解。我们不奢求别人的感激，但是我们希望自己的帮助不被误解。

　　做一个善心的人其实很多时候都不难，难的是能够用帮助自己一样的心态去帮助别人。只有你对别人提供了真诚的帮助，别人以后才会为你提供同样的支持。我们即使是英雄好汉，也离不开别人的支持。我们要做更大的事业，就一定要取得更多人的支持，通过这种支持，推动自己不断前进。

　　人生的事业长河，就像波浪一样，一个伟大的事业往往是大量聚集小浪，无数细浪将自己揉碎汇入其中的结果。我们要想取得一个大浪，我们就要学会聚集小浪的力量，显然帮助别人是最好的办法，也是双赢的办法。

　　做人要懂得帮助别人就是帮助自己，要善于给别人提供最真诚的帮助。

第九章　不摆小聪明，做人要有一点智慧

　　做人靠的是智慧，而不是所谓的小聪明。生活中很多小聪明的人，一生一事无成，而只有那些大智若愚的人，最后成就非凡。

宰相肚里能撑船，也需智者使舵

我们通常都说宰相肚里能撑船，一个人的大气度往往能容忍很多事情。有的人或许认为一个人的气度大，就可以随意去得罪。反正即使得罪，也是得罪君子，没准对方还会以德报怨。事实上，宰相肚里之所以能撑船，不仅是因为宰相自己的气量大，而且更重要的是有智者使舵。

古时候一个宰相请理发师理发。理发师理到一半时，也许是过分紧张，不小心把宰相的眉毛给刮掉了。唉呀！不得了了，理发师暗暗叫苦。他顿时惊恐万分，深知宰相必然会怪罪下来——如果那样，自己可吃不了兜着走。

理发师是个常在江湖上行走的人，深知人之一般心理：盛赞之下怒气自消。他急中生智，猛然醒悟，连忙停下剃刀，故意两眼直愣愣地看着宰相的肚皮，仿佛要把宰相的五脏六腑看个透似的。

宰相见他这模样，感到莫名其妙。迷惑不解地问道："你不修面，却光看我的肚皮，这是为什么呢？"

理发师装出一副傻乎乎的样子说："人们常说，宰相肚里能撑船，我看大人的肚皮并不大，怎么能撑船呢？"宰相一听理发师这么说，哈哈大笑："那是宰相的气量大，对一些小事情，都能容忍，从不计较的。"

理发师听到这话，"扑通"一声跪在地上，声泪俱下地说："小的该死，方才修面时不小心将相爷的眉毛刮掉了。相爷气量大，请千万恕罪。"

宰相一听啼笑皆非：眉毛给刮掉了，叫我今后怎么见人呢？他不禁勃然大怒，正要发作，但又冷静一想：自己刚讲过宰相气量大，怎能为这小事，给他治罪呢？

于是，宰相便豁达温和地说："无妨，且去把笔拿来，把眉毛画上就是了。"

千万不要以为一个人有度量，他就能容忍一切。任何人的度量都是相对的，没有人能够做到超然超脱，对万事万物都丝毫不介怀。这就告诫我们在日常与人交往的过程中，千万不要以为得罪了君子也无所谓。事实上，君子虽然不计较，但是他很容易漠视你。我们与人交往，要运用智慧，让别人大度起来，也让自己大度起来。

做人，就要明白不要用恣意行为去测量别人的度量，一个人之所以有度量，很多时候完全是因为和他交往的人有智慧让他大度为怀。

认为自己对的，就不要过于民主

一个人做人做事，虚心听别人的意见固然没有错。但是如果一旦认定自己是对的，为了照顾别人的感受，或者仅仅是考虑程序上的公平，就否定了自己的意见，这是不可取的。有的人或许认为做任何事情，要想有效，一定要少数服从多数，只有这样，事情才会取得圆满的结果。事实上，按照这种推论，它无法解释真理为什么往往掌握在少数人手中。一个真正有大智慧的人，有些时候看起来是很"独断专行"的，在大事情上他们变得固执，但是正是因为他们的固执，才成就了他们的伟大事业。倘若他们听从一些妥协的方案，最后就什么事情也做不了。

林肯上任后不久，有一次将六个幕僚召集在一起开会。林肯提出了一个重要法案，而幕僚们的看法并不统一，于是七个人便激烈地争论起来。林肯在仔细听取其他六个人的意见后，仍感到自己是正确的。在最后决策的时候，六个幕僚一致反对林肯的意见，但林肯仍固执己见，他说："虽然只有我一个人赞成但我仍要宣布，这个法案通过了。"

表面上看，林肯这种忽视多数人意见的做法似乎过于独断专行。其实，林肯已经仔细地了解了其他六个人的看法并经过深思熟虑，认定自己的方案最为合理。而其他六个人持反对意见，只是一个条件反射，有的人甚至是人云亦云，根本就没有认真考虑过这个方案。既然如此，自然应该力排众议，坚持己见。因为，所谓讨论，无非就是从各种不同的意见中选择出一个最合理的。既然自己是对的，那还有什么犹豫的呢？

做人做事一定要有自己的独立判断，不能人云亦云。我们固然要听群体的意见和呼声，但是更多的时候，我们要根据自己的判断来做出决断。一个没有判断力的领导人，终究不会成就什么大事。事实上，很多时候，群体的决策，要么趋于妥协，要么容易误导，因为并不是所有人都需要高人一等的建议，所以很多时候决策就变成考量一个人的理由是否充分，那对那些根本就不大会表明自己的态度的人来说，何尝不是剥夺了他们发表意见的权利。在这种决策体系下，韩非这样的人物注定意见是不会被采纳的。

我们说，一个决策之所以要听取很多人的意见，其原因是偏听则暗，要把方方面面的事情都考虑清楚。但是绝不意味着在事情的决策上一定要找所有意见的中间值。一个人做事情就应该有自己的判断，不要让群体的呼声迷失了自己的思考。

做人就要学会果断地去应对事情，永远不要丧失自己的独立思考和果断行动。

由少到多，让人喜上眉梢

做人不要一开始就表现最好，要考虑到持续的发展，这是一种人生的智慧。你一开始表现过好，给别人的期望就高，以后会给自己带上很是沉重的负担。给别人的期望最好是由少到多，降低别人的预期，这不仅会给自己一个施展的空间，而且也会让别人喜上眉梢。有的人总是认为要表现就表现最好，到最后，我们往往会发现那些我们曾经第一次见到感觉很好的人，后来就渐渐不怎么样了。

公司自从多年前成立，就蒸蒸日上，今年的盈余竟大幅滑落。这绝不能怪员工，因为大家为公司拼命的情况，丝毫不比往年差，甚至可以说，由于人人意识到经济的不景气，干得比以前更卖力。

这也就愈发加重了董事长的心头负担，因为马上要过年，照往例，年终奖金最少加发两个月，多的时候，甚至再加倍。

今年可惨了，算来算去，顶多只能给一个月奖金。

"让多年已经惯坏了的员工知道，士气真不知要怎么滑落！"董事长很是发愁。这好像给孩子糖吃，每次都抓一大把，现在突然改成两颗，小孩一定会吵。想到糖，董事长突然之间想到了小时候到店里买糖，总喜欢找同一个店员，因为别的店员都先抓一大把，拿去称，再一颗颗往回扣。那个比较可爱的店员，则每次都抓不足重量，然后一颗颗往上加。说实在话，最后拿到的糖没有什么差异。但他就是喜欢后者。

没过两天，公司突然传出小道消息。

"由于业绩不佳，年底要裁员……"

顿时公司变得人心惶惶。每个人都在猜，会不会是自己。最基层的员工想："一定由下面杀起。"上面的主管则想："我的薪水最高，只怕从我开刀！"

随后公司就宣布："公司虽然艰苦，但大家同在一条船，再怎么危险，也不愿牺牲共患难的同事，只是年终奖金，绝不可能发了。"听说不裁员，人人都放下心上的一块石头，那不至于卷铺盖的窃喜，早压过了没有年终奖金的失落。

眼看除夕将至，人人都做了过个穷年的打算，彼此约好拜年不送礼，以共度时艰。突然，董事长召集各单位主管召开会议。看主管们匆匆上楼，员工们面面相觑，心里都有点七上八下："难道又变了卦？"

没几分钟，主管纷纷冲进自己的单位，兴奋地高喊着：

"有了！有了！还是有年终奖金，整整一个月，马上发下来，让大家过个好年！"

整个公司大楼，爆发出一片欢呼，连坐在顶楼的董事长，都感觉了地板的震动……

做人就要注意经营别人对自己的期望，不要让别人对自己期望过高，更不要让别人的期望成为自己的负担，要通过各种方式降低别人的期望，通过一种由少到多的方式，让别人感觉到自己的不断进步和提高，增强别人对自己的信赖。

扑向枪口，或许还有一线生机

遇到困难，谁不希望能够躲避过去？没有人真心希望困难降临到我们的头上。但是当我们真正遇到困难的时候，我们躲避和不躲避其实是个选择题，从一开始，我们就没有选择躲避的权利。有的人或许认为困难可以留给别人，不用自己扛着。但是倘若每一个人都这么想，一个团队就毫无战斗力可言。更何况很多时候我们都是一个人在作战，根本就没有选择躲避的权利。我们只有将自己的勇气和心血融入到困难中去，敢于冒险，不断突破，我们才能获得最后的胜利。否则我们就是失败。

一只狼被两个猎人堵在一个"丁"字形的岔道上。一人端着枪在后面，一人端着枪在前面，狼被夹在中间。在这种情况下，狼本来可以选择岔道逃掉，可它并没有那么做，而是迎着枪口冲了过去。

狼为什么会如此"冒险"？猎人说："狼是一种很聪明的动物，它们知道，只要夺路成功，就有生的希望。如果扑向一人，可以向它射击的就只剩下一个了，而且剩下的这个人还会因为前方有自己的伙伴而不敢随意开枪。反过来，如果选择了没有阻挡的方向，它将成为两个猎人肆无忌惮的猎取对象，就是死路一条。"

对于一个聪明人来说，最大的陷阱就是选择太多。当遇到困难的时候，他完全可以去选择一条捷径，让自己逃避困难。但是很多时候，困难就像绵亘在愚公家门口的大山一样，根本就没有捷径可循。与其拿大量的时间去寻找捷径，还不如踏踏实实地去用自己的努力去超越它。

人有趋利避害的本能，每一个人都会往自己最有利的道路上去走。但是当我们做出这样选择的时候，我们一定要考虑到我们付出了什么？我们付出了在困难中不断磨炼自己才干的机会，不断增强自己勇气和信心的机会，这是一个人真正的生存之本。

很多人很聪明，但是他们往往缺少智慧。一个人做人做事，在很多时候要朝着最艰难的路走，只有这样才能获得一线生机。比如有时候在公司里面，领导的不器重摆在面前，有的人一眼就看出来了，于是想到不过一碗饭，便跳槽了。结果到最后，用一生的时间跳来跳去，一事无成。相反，那些留下来的人，逐渐改变了领导的看法，最后成就非凡。因为领导的态度是可以通过时间来改变的。这何尝不是聪明人和没有智慧的人的区别。

做人，就要学会往最艰难的路上走，有时候最艰难的道路往往是最好的捷径。

不要凭恃聪明，盛气凌人

一个人聪明或许是好事，但是凭借自己的聪明盛气凌人或者到处显摆，就绝对是缺陷。聪明的人很容易看不起别人，认为别人没有自己有能耐。有的人更是认为聪明人可以做很多的事情。恰恰相反，真正能做事情的恰好不是那些所谓的聪明人，而是那些用心的人。有大智慧的人，唯恐将自己的聪明智慧藏得不深。而只有那些有小聪明的人，唯恐别人不知道自己的聪明。

一个城里人和一个乡下人同坐火车。

城里人说："咱们打赌吧！谁问一样东西，对方不知道，就付一块钱。"

乡下人说："你们城里人比我们乡下人聪明，这样赌我要吃亏的。要是我问，你不知道，你输给我一块钱；你问，我不知道，输给你半块钱。你看怎么样？"

城里人自恃见识广，吃不了亏，答应了。

乡下人问道："什么东西三条腿在天上飞？"

城里人答不上来，输了一块钱。之后，他向乡下人也提出了这个问题。

"我也不知道。"乡下人老实承认，"这半块钱给你。"

为什么有那么多聪明的人要显摆自己的聪明呢？一个很大的原因就是他们担心别人看不起自己。事实上，人们或许带有偏见去看不起一个不聪明的人，但是人们带有更大的偏见去看待显得很聪明的人。

历史上很聪明的人，如杨修、祢衡，最后又得到了什么样的结局呢？还不是被比他们不聪明的人给杀掉了。一个群体固然需要聪明人，需要聪明人来想办法为群体谋利。但是一个群体也是害怕聪明人的，他们担心自己的利益受到损害。这正是一些有大智慧的人在取得成就之后，往往礼贤下士，十分谦逊的理由。只有懂得韬光养晦的人，才能走得长远。

不要将聪明当优点，当你感觉到自己很聪明的时候，应该学会谦逊。当别人夸奖你聪明的时候，你应该学会低头。现代社会人们的说法其实很隐晦，当说一个小孩子聪明的时候，估计是说这个小孩子头脑灵活。但是当说一个大人聪明的时候，你可要小心了，他的意思是你很精明。事实上，这些说别人聪明的人何尝不是显摆自己的聪明呢？毕竟，你精明归精明，还是被我看出来了。

做人就要学会隐藏自己的聪明，更不要在别人面前显摆自己的聪明，生怕别人不知道。真正有智慧的人对聪明是避之唯恐不及的。

站在对方的角度说话

无论是寻求别人的帮助，还是和别人正常交往，都应该善于站在对方的角度上说话。人们喜欢和能为自己着想的人交往，同时也只会对与自己相关的话题产生浓厚的兴趣。有的人做人做事往往只从自己的角度考虑。他们没有想过，自己想要什么，自己过得怎么样，和别人有什么关系。真正有智慧的人，一定要懂得站在对方的角度去考虑问题。

古时候，一个叫彭玉麟的官员，有一次路过一条狭窄的小巷。一个女子正在用竹竿晾晒衣服，一不小心竹竿掉下，正好打在彭玉麟的头上。彭玉麟勃然大怒，指着女子大骂起来。

那女子一看，正是官员彭玉麟，不禁冷汗冒了出来。但她猛然间急中生智，便正色地说："你这副腔调，像行武的人，所以这样蛮横无理。你可知彭官员在我们此地！他清廉正直，假使我去告诉他老人家，怕要砍了你的脑袋呢！"

彭玉麟一听这女子夸赞自己，不禁喜气上升，同时又意识到自己的失态，马上心平气和地走了。

该女子的做法是站在彭玉麟的角度考虑问题，但是仍然还有一些狡黠。站在对方的角度考虑问题，一定要真诚。你的不真诚，人们是很容易感受到的。而要做到对人真诚，关键在于你的假设前提，不管人性恶也好，人性善也好，与人交往，你首先要学会接纳别人。哪怕对方是一个所谓的恶人，如果对你没有造成任何伤害，你又有什么可畏惧的呢？所以，要想真诚地站在对方的角度说话，首先就要学会接纳与你交往的人。哪怕他身上有你看不起的恶习或者他的坏习惯让你很不舒服，你至少不要表现那么明显。我们可以喜欢自己喜欢的人，但我们不要在场面上厌恶我们厌恶的人。如果你很厌恶一个人，你完全可以不和这个人交往。

站在对方的角度说话，还要从对方的角度来看待自己。看自己身上有哪些恶习是对方所不能接受的，一定要将这些恶习隐藏好，没有必要招惹不必要的厌恶。事实上，当我们站在别人的角度去说话，去考虑问题的时候，我们会发现和别人交往也变得很轻松。

做人就要学会站在对方的角度说话，要让对方感受到自己的真诚，无论是对别人的夸奖，还是对别人的请求，都要让对方感觉到很舒服。

要注意别人的高帽

与人交往，要善于识别别人是夸奖还是奉承。对于夸奖，做人要谦虚谨慎；对于奉承，一定要进行抵制。奉承就好像毒药一样，让人对自己失去判断。有的人往往喜欢别人给自己戴高帽，自我意识极度膨胀。这正好表明了一个人失去了对自我的认识，这种状态是很危险的。

清代京城有一位大官，特别会奉承人，一次由于种种原因出外做官，临走之前，去拜别老师，老师告诫道："在外边做官也不容易，一切事必须小心谨慎。"这位大官很自信地说："我准备了一百顶高帽，逢人便送一个，应该不会有不愉快的事。"老师听了，大怒道："我辈都是刚直清正之人，何必那样做！"大官忙说："天下像老师这样不爱戴高帽的人能有几个？"老师点点头说："你的话也不是没有道理。"大官告别老师，出门对人说："我本来准备一百高帽，现在剩下九十九顶了。"

我们不但要防止别人的奉承，而且不要随意去奉承别人。是不是奉承，其实很多时候都听得清楚，看得明白。你对别人奉承，夸奖别人本身没有的优点，其动机是值得怀疑的。一个为了自己的目的去奉承别人的人，一定很虚伪。谁愿意和虚伪的人交往呢？

在与人交往的时候，千万不要凭着自己的聪明或者语言的华丽去奉承别人，这样不但不会赢得别人的尊重，而且会让别人感到反感。或许有人认为，夸奖别人是为了和别人处理好关系，但是你完全没有标准地去夸奖别人，就一定会被别人认为是奉承。这样会破坏两个人的关系。我们要去夸奖别人，一定要寻找别人身上的优点。每一个人身上都有很多的优点，我们要夸奖别人就一定要对优点进行褒扬。有的人看别人总是看不上，注定他对别人的夸奖是不切实际的，也不会得到别人的认同。

在与人交往的过程中，不要随意给别人戴高帽，哪怕是玩笑。每一个人都有自己的信誉，都要为自己说过的话负责，你的言语一定会在别人心目中形成印象。一个善于奉承的人显然是虚伪的人，而拿奉承的话乱开玩笑的人一定很轻浮。

做人就要善于识别别人的高帽，自己不给别人戴高帽，当别人给自己戴高帽的时候，也不要迷失了自己。

机智回答问题，四两拨千斤

有些时候，我们会受到质疑。当我们听到反对声音的时候，我们是站起来和对方针锋相对？还是拍案而起，扬长而去？其实很多时候，我们都可以用一种很智慧的方式，机智地来回答别人的问题。既给自己台阶下，也给别人台阶下，避免与别人的纠缠。

一次，伟大的生物学家达尔文被邀赴宴，宴会上，他恰好和一位年轻美貌的女士并排坐在一起。

"达尔文先生，"坐在旁边的美人带着戏谑的口吻向科学家提出疑问，"听说你断言，人类是由猴子变来的，我也属于您的论断之列吗？"

"那当然了！"达尔文看了她一眼，彬彬有礼地答道。

"我像猴子吗？"美人带点嘲弄地说。

"不过，您不是普通的猴子变来的，而是由长得非常漂亮的猴子变来的。"

历史上有很多机智回答别人质疑的故事，正是因为采用了一种机智的方式，避免了正面冲突，所以让双方都有很好的台阶下。当我们遇到反对声音的时候，我们最好考虑一下有没有比较机智活泼，或者一种幽默的方式来回答。如果我们能够找到这种方式，很多问题就变得简单起来。

用一种恰当的方式去回答别人的质疑，不仅过去很需要，今天也很需要。越是棘手的问题，越要学会用一种举重若轻的方式来回答。我们要学会尊重别人，只有尊重了别人，才能赢得别人的尊重。

其实，生活中很多质疑的声音，并不是问题本身有问题，而是对方想让你听到他的声音。当你对他的质疑表示尊重的时候，他也就感到心满意足了。当然通过一种幽默的方式去回答别人问题的时候，千万不要自恃聪明，对别人冷嘲热讽。

做人就要学会锻炼自己的幽默才能，当你机智地去回答质疑的时候，你往往会发现起到了四两拨千斤的效果。

劝说别人有良方

劝说一个人是有办法的，即使再刚愎自用的人也能听得进劝告。关键在于我们如何寻找劝说别人的好办法。有的人往往会遇到给别人提醒，别人反而不领情的情况。他们觉得很委屈，"我是为他好，才提醒他"。其实做任何一件事情，动机固然重要，但更重要的是方法。以一种别人愿意接受的方法去劝说别人，往往能够起到更好的效果。

1914年，章太炎被袁世凯幽禁在北京龙泉寺。章太炎非常气愤，宣布绝食。

章太炎绝食，震动四方。第二天，他的几个著名入门弟子钱玄同、马寅初、吴承仕等去看望他。从早到晚，弟子们劝他复食，章太炎躺在床上，两眼翻白，一味摇头。

这时，深知先生个性特点的吴承仕灵机一动，想起了三国故事，便说："先生比祢衡如何？"

章太炎瞪了一眼说："祢衡怎么能比我？"

吴承仕连忙道："刘表当年要杀祢衡，自己不愿戴杀士之名，就指使黄祖下手。现在，袁世凯比刘表高明多了，他不用劳驾黄祖这样的角色，叫先生自己杀自己。"

"什么话？"章太炎一听，一骨碌翻身跳下床来。

弟子们一看情形，赶忙趁机端出了荷包蛋等先生爱吃的食物，让他吃下去。

生活中有人很关心他周围的人，对别人提出了很多劝告。但是没有人愿意听从他的劝告。原因就在于他没有使用一种恰当的方法。而要找到一种恰当的方法，就需要一方面找准别人的弱点，利用别人的弱点进行劝说。比如某一个人特别喜欢听夸奖的话，你就要多夸奖他，然后适时地对他进行劝说。就像良药苦口一样，你要放足够多的糖。这些糖不会影响药效的。另外一方面，你要学会在别人心目中建立分量。很多人不愿意听别人的意见，不是因为这个人的意见不对，而是这个人在他心目中的地位不够。当你通过各种办法建立起在别人心目中的地位的时候，你说的话就有了足够的价值。有一个人，以前很穷，他告诉同村的人说粮食放到米仓是会生霉的，但是没有人相信他。后来这个人富有了，他又告诉同村的人说，犁头挂在墙上是会被老鼠咬坏的。结果这次所有的人都相信了他。这也提醒我们一定要善于倾听那些在我们心目中无足轻重的人的意见，他们的意见往往对我们也很有帮助。

做人就要找到合适的方法去劝说别人，不要说别人固执己见，很多时候是我们懒于去寻找好办法。

夸奖无处不在，可从侧面做文章

要夸奖别人，就要善于在别人身上挖掘主题。如果别人实在没有值得夸奖的地方，那就要善于从侧面做文章。有的人或许认为这种做法影响他们的诚实。事实上，一个人说假话，固然不对，但是你也有可以不说的真话。一个人对别人奉承固然不好，但是你也可以不说别人身上的缺陷。

阿赫默德是一个十分威严的国王，但他只有一只眼睛和一条臂膀。有一天他召来了三位画师，命令他们为自己画肖像。国王对三位画师说："我希望有张像样一点的画像，请你们用彩笔精心描绘我身跨战马奔赴边疆的英姿！"

号角嘹亮吹响，宫殿富丽堂皇，王位上坐着十分严厉的国王。过了好大一会，头两位画师诚恐诚惶，献上了他们的作品。

国王站起身来仔细端详，不看倒不要紧，一看不由得怒发冲冠，愤怒满腔。

他认不出自己的本来面目！他清醒地知道，骑在马上的不是他本人！

他愤怒地咆哮道："我只有一只眼睛一条臂膀，而骑在马上的这位君王却是两只手握着弓箭，两只眼正视着前方！我要你立刻予以回答，你怎么能这么不诚实，敢粉饰我的形象？"画师无话可说，恼怒的国王于是下一道旨："画师弄虚作假，判处流放！"

当国王拿起第二幅画像的时候，更是不由得浑身颤抖，怒火万丈。他觉得自己无上的尊严受了污辱，大声吼道："你这个画师，好一副歹毒心肠！你这样画，丑化了自己的君王，只能让仇敌开心！你真是个居心叵测的小人，专画我一只眼和一条臂膀！"于是这个写实主义的肖像画师，年纪轻轻便被杀了头。

第三位画师瑟瑟发抖，浑身筛糠。他颤巍巍捧上了另一幅肖像。画面上的国王，侧身骑马，不是面向看画人，因此你根本就不知道他有没有右眼，也不晓得他是不是只有一条臂膀。所有人都只看见一条健壮的左臂，紧紧地握着一张盾牌，还有一只完好无损的左眼，像鹰隼的眼睛一样锐利明亮！

国王十分高兴。结果这个狡黠的画师备受青睐，从此官运亨通青云直上；到临终的时候，他的胸前挂满了勋章。

做人，就要学会寻找别人身上的优点，即使真的找不到优点，也不宜口无遮拦地将别人的缺点表露无遗。

给自己留一手

做人固然要真诚对待别人，但是当影响个人生存和未来发展的时候，人一定要给自己留一手。毕竟害人之心不可有，防人之心不可无。有的人往往将自己所有都托付给别人。事实上，很多时候，人们一旦有了伤害你的能力，他们就会潜意识地想伤害你。

有一个人擅长角力。他的技术十分高明，浑身的解数足有720种，而且每次出手都各不相同。徒弟里头，他最喜欢一个长得高高大大的年轻人。他把自己的本事教给他了719样，只留下一样不肯再传。那年轻人本事高明，力大无比，谁也敌他不过。于是他跑到国王面前夸口，说他之所以不愿胜过师傅，只因敬他年老，又看他到底总是自己师傅。其实，自己的本领和力气，绝不比师傅差。不信可以让他和师傅较量一下。

国王一听来了兴趣，叫人选了一处宽大的场地，把满朝达官贵人都请了来。叫师徒二人比赛。

那青年走进场地，耀武扬威，好像今天的胜利者非他莫属。即使他的敌人是一座铁山，也会被他轻轻地推倒。

师傅看到他的力气比自己大，于是使出最后一招，一把将他扭住。这个时候这个年轻人还不知怎样招架，就已经被师傅举过头顶，抛在地上。满场的人都欢呼起来。国王叫人拿了一件袍子奖给师傅。然后很生气地对那个年轻人说："你妄想和你师傅较量，可是你失败了。"

这个青年不服气地说道："他胜过我并不是凭力气。那是因为他留下一手没有传。就凭这小小的一点本事，今天把我打败了。"

那师傅不紧不慢地说："我留下这一手也正是为了今天。因为有人说过，不要把本事全部教给你的徒弟，万一他将来变成敌人，你怎么抵挡得住？从前还有个吃过徒弟亏的人说，也不知是如今人心改变，还是世上本来就没有情义。我向他传授射箭技艺，最后他们却把我当作天上的飞鸟。"

为人处世，一定要留下自己的生存之本。这种"本"的东西是不能轻易交付给别人的。我不是在教你自私，而是在教你学会自我保护。当你有一个秘密的时候，你要想永远地保守它，最好的办法就是不要告诉任何人。当你忍不住将这个秘密告诉你的朋友的时候，你实际上是害了他。因为秘密一旦泄露，你们朋友的关系就没有办法维持了。

做人就要学会给自己留一手，这一手是自己的生存之本。没有人有能力接受你的毫无保留。

把自己放得最低

人之所以经常感觉到自己诸事不如意，或者深深地感觉到挫败感。往往不是因为自己生不逢时，而是因为太看重自己，不知道怎么样把自己放低。有的人无法理解，为什么要把自己放低呢？人抬高自己不是很好吗？生活的哲理不是这样的。

有个青年人，他对生活十分不满，内心很不平衡，贫穷一直在折磨着他，同时他又觉得自己怀才不遇，因此牢骚满腹。

有一次他乘船出海，一个老渔民的话让他茅塞顿开。

这个老渔民，在海上打鱼打了20多年，面对大风大浪，总是从容不迫，青年人十分敬佩。

青年问渔民："您每天打多少鱼？"

他说："其实每天打多少鱼并不是最重要的，关键只要不是空手回来就可以。"

青年若有所思地看着远处的海，突然想听听老人对海的看法。他说："海是伟大的，滋养了那么多生命。"

渔民说："那么你知道为什么海那么伟大吗？"

青年人一时找不到原因。

老人接着说："海能装那么多水，关键是因为它位置最低。"

正是海的位置最低，所以才能笑纳百川，包罗万象。

我们要学会把自己放到最低。有人担心这样的话，别人会看不起自己。事实上，只有自卑的可怜虫才生怕别人看不起自己。把自己放低的人往往能够得到别人更多的尊重和机会。你的姿态很低，与你交往就平易很多；你的地位很低，别人有什么事情就愿意和你一起去做。同时，社会中对强者的毁灭往往有一种幸灾乐祸的态度，而对弱者的同情往往是泛滥的。你把你的姿态放低，虽然不是为了去装弱者，但是至少你不会表现出自己是强者。即使你在别人心目中还是强者形象，那么你肯定不是那种有了一点成就就沾沾自喜的强者。

我们不要害怕别人看不起自己，没有人生活在别人眼光之中。那种因为一个人姿态高低而态度大相径庭的人，一定十分浅薄。这种人如果哪天看得起你，也不会是因为你这个人，而是因为你的地位。

我们不要做一个趾高气扬的人，不要做一个洋洋得意、沾沾自喜的人。我们固然要抬头看天，但绝对不是把自己抬到天上去。我们要脚踏实地地拉车，一天一个脚印，一年一个台阶。

做人就要善于将自己放低，我们不怕别人看不起，只怕自己没出息。

知道越多，无知越多，要虚心

当我们知道越多的时候，我们无知的领域也就越大，我们就越是要虚心，这样才能保证我们不断进步和提高。有的人往往知道了一些，就以为自己了不起。正是这种良好自我感觉，导致这些人一辈子不会有太大的出息。

有个青年拜师于一隐居世外的高人门下。历经三年，此人觉得已经将老师的学识学得差不多了，于是前往辞行。老师听后，面带笑容而不语，只拿起一树枝在地面画了一个大大的圆，过了许久，又在圆的外边画了一个更大的圆。最后老者扔掉手中的树枝，在一旁闭目养神。

这个人很是纳闷，老师解释说："这就是我给你的劝告，第一个圆是你刚开始的学识，当你熟识了圆里一切，如果你还只看到圆里面的，那么你就会在这个圆里面故步自封，但是如果你还想了解更多的知识，那么你就必须想办法突破这个圆。而外边的圆，就是现在你的学识，虽然你已经比以前有了很大突破，但是你还没有看到圆外边有着更大的空间，这说明还有更多的事物你并没有了解。可以这么说，在任何时候，无论做人还是做事，都像在画圆，不要把自己局限在圆里面，当我们画的圆越大，就越要明白自己知道的东西越少。"

我们要学会突破自己的心理障碍，什么时候觉得自己了不起了，什么时候觉得自己知道很多了，自己离退步也就不远了。我们要做一个虚心的人，知道越多，越是要学会虚心。和茫茫宇宙相比，我们很渺小；和人类几千年来积攒的知识相比，我们所了解的知识只不过是沧海一粟。我们每一个人有自己知道的东西，别人也有别人知道的东西。我们不要因为自己知道了很多，就去看不起别人，就在别人面前炫耀，生怕别人不知道。其实别人知道又怎么样？不知道又怎么样？对他们来说是没有任何意义的。而对我们自己来说，骄傲自大往往让我们失去了前进的动力，整天在一些陈旧的东西里自我感觉良好。这种状态对我们每一个人来说都是十分有害的。

做人就要学会谦虚，越是知道得多，越要放低自己，越要虚心向别人求教。很多人之所以犯错，就是因为他们以为自己知道，所以听不进别人的意见。

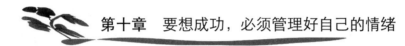

第十章　要想成功，必须管理好自己的情绪

　　要想成功就必须管理好自己的情绪。情绪太大的
人不仅很少能够成功，而且连最起码的与人友善相处
都做不到。我们不能过于要求别人，即使我们自我要
求很高。

说话不要着急，要想好再说

嘴巴是祸福之门，说话一定不要过于着急。人一着急就容易说错话，很多时候本没有的意思，一着急就失误了。其实我们说话不是快跑，绝大多数时候我们也不比较谁说话说得快。因此想说话的时候一定要想清楚了以后再说，而不要太着急。有的人或许认为想说就说是直率。但他们没有考虑过语言很多时候都是杀人的刀，言语造成的伤害往往比刀锋造成的伤害还严重。

有个人为了庆祝自己的 40 岁生日，特别邀请了四个朋友，在家中吃饭庆祝。

三个人准时到达了。只剩一人，不知何故，迟迟没有来。

这个人有些着急，不禁脱口而出："急死人啦，该来的怎么还没来呢？"其中有一人听了之后很不高兴，对主人说："你说该来的还没来，意思就是我们是不该来的，那我告辞了，再见。"说完，就气冲冲地走了。

一人没来，另一人又气走了，这人急得又冒出一句："真是的，不该走的却走了。"剩下的两人，其中有一个生气地说："照你这么讲，该走的是我们啦！好，我走。"说完，掉头就走了。

又把一个人气走了。主人急得如热锅上的蚂蚁，不知所措。最后剩下的这一个朋友交情较深，就劝这人说："朋友都被你气走了，你说话应该留意一下。"

这人很无奈地说："他们全都误会我了，我根本不是说他们。"最后这个朋友听了，再也按捺不住，脸色大变道："什么？你不是说他们，那就是说我啦？莫名其妙，有什么了不起。"说完，铁青着脸走了。

很多时候，我们明明不是想说那个意思，但是因为说话过于着急，意思发生了扭曲，别人因此而产生了误解。为此，我们一定要培养说话的好习惯，不要让情绪过于左右我们的语言。凡事都要思前想后，即使再着急也要慢慢说，因为说出去的话就像泼出去的水一样，不可能再收回来了。在说话的时候一定要注意，不要过于表现出自己的情绪。情绪过大就容易说话伤人。

做人就要学会思前想后，等想好了以后再说，而不要急切地开口，否则容易造成不必要或者难以弥补的误会。

不要一时冲动，丧失自我

为人处世，难免会受到情绪的左右，冲动的时候在所难免。但是这种情况要尽量少发生，因为很多人都是因为一时冲动，最后丧失了自我。有的人或许认为冲动是人直率的表现，事实上如果不是太有脑筋和太没脑筋，一般人很少会冲动地去做事情。

饥饿的狮子看见肥壮的公牛在地里吃草。

虽然它很想立刻就冲上去咬死公牛，但公牛头上那两只威武尖利的犄角却让狮子不得不望而生怯。

于是，它先侧着身子慢慢走到公牛身旁，用友好的语气说："我真羡慕你，公牛先生。你的头那么漂亮，你的肩又是那么宽阔、结实，你的腿和蹄多么有力量。不过，恕我直言，我真不明白你怎么受得了这两只角。这两只角一定叫你十分头痛，而且也使你的外貌受到损害。"

"你认为是这样吗？"被夸得有些飘飘然的公牛说，"我从来没有想过这一点。不过，经你这么一提，这两只角确实显得碍事。你说有损我的外貌吗？"

狮子溜走了，躲在树后面看着。公牛等到看不见狮子了，就把自己的脑袋往石头上猛撞。一只角先撞碎了，接着另一只角也碎了，公牛的头很快就变得平整光秃了。

"哈哈。"狮子大吼一声，跳出来大声说，"现在我可以饱餐一顿了。多谢你把两只角都搞掉了。我先前没有攻击你，正是害怕这两只角啊。"

我们不要因为别人的甜言蜜语而丧失了自己的理智。我们要学会用一种理性和冷静的态度去对待生活。人要有血性，但是血性绝对不是冲动；人也要有豪气，但是豪气也绝对不会是头脑发热。

要做到不一时冲动，就要学会在任何时候都不要轻易丧失自己拥有的东西。在每一个人眼中，没有得到的永远比拥有的更好。事实上，这有个假设前提，就是等你得到你想要的东西后，你曾经拥有的东西还是你的。事实上，生活就像拣西瓜和芝麻一样，一个人所能拥有的东西总是自己能够怀抱的，一旦超过了这些，就不再是自己的了。千万不要因为一时冲动，拣了颗芝麻，最后丢了整个西瓜。

做人就要学会克制自己的情绪，不要让冲动左右了自己的行为，否则容易迷失自己。

战胜自己，永远不要绝望

人要学会管理自己的情绪，当感觉到十分绝望的时候，一定要战胜自己放弃的念头，继续坚持下去。有的人或许认为人应该做自己想做的事情，这件事情做不好还有下一件。事实上，这跟挖井是同样的道理，一口井的形成往往需要坚持不懈，直到出水为止。那些挖了一会儿就换一个方式的做法，最后很可能是徒劳无功。

一天早上，一位将军受命在天黑之前拿下一个高地。于是他率领部队向高地发起了进攻，无数次的冲锋，都被敌人一次又一次地击退。最后一次冲锋，他所有的战友全都牺牲了，他自己也在战壕前几米处，被一枚地雷炸断了一条腿……而对方的军旗，仍在山顶上飘扬，于是他绝望地朝自己开了枪。

过了半小时，增援部队来了。当他们冲上山顶时，发现对方的官兵已全部战死，只剩下一个奄奄一息的伙夫，正绝望地抱着自己的军旗，等着将军爬上来，将他像蚂蚁一样踩死，但将军杀死的是自己。

从我们选择做一件事情的时候，我们就要给自己定一个规矩：我，有可以不做这件事情的选择，那就是现在，我现在放弃还来得及。但是如果决定做一件事情以后，我们就没有了选择的权利，我们必须坚持到底，直到事情做成功为止。

生活中很多人都很失败，到老的时候觉得自己虚度了光阴。为什么会觉得虚度光阴呢？因为一生一事无成。那为什么一事无成呢？因为自己做事情总是做了一段，就选择另外一件事情来做，没有一件事情能够做得成功的。

我们每一个人都很聪明，每当事情做到一部分的时候，突然发现有更好的办法，或者更有意义的事情，于是我们放弃了自己实行的方法和正在做的事情，全力投入到更好的办法和更有意义的事情上。然而等我们把这些事情做了一部分的时候，我们又能看到更有吸引力的东西。正是因为始终有诱惑在引导我们，所以我们没有一件事情是做得出色的。终其一生，最后也一事无成。我们必须战胜自己的这种聪明。

做人，就要学会战胜自己，永远都不要绝望，也永远都不要有头无尾，否则到最后一定一事无成。

从另一个角度看问题，不幸中常有万幸

人生在世，难免会遇到不幸。有些时候不幸袭来就像巨石压顶一样，让人窒息，甚至很长时间都让人喘不过气来，人容易陷入悲伤和荒凉之中。如果悲伤和荒凉能对事情有所帮助，那么姑且悲伤和荒凉吧。事实上，谁都知道悲伤和荒凉于事无补，那么我们为何不从另一个角度来看问题呢？有的人往往不能转化自己的情绪，他们看到的事情就是事情本身，没有看到不幸后面的万幸。但是真正有智慧的人一定会看到这一点。

一次，美国前总统罗斯福家里被盗，损失很大。朋友闻讯后，忙给他写信安慰他，劝他不必太在意。

罗斯福立刻给朋友写了封回信："亲爱的朋友，谢谢你来信安慰我，我现在很平安。感谢上帝：因为第一，贼偷去的是我的东西，而没有伤害我的生命；第二，贼只偷去我部分东西，而不是全部；第三，最值得庆幸的是，做贼的是他，而不是我。"

我们经常要学会换一个角度思考自己的生活。人难免在生活中受到种种挫折和打击，甚至很多时候觉得自己很委屈。我们可以去怨天尤人，我们也可以去自怨自艾，但是我们没有选择放弃追求更好生活的权利。而我们要追求更好的生活，就一定要让自己从这种情绪中摆脱出来，因为这种情绪只会让生活更加糟糕。

虽然一个对生活和感情十分认真的人，很难摆脱这样一种情绪的困扰，但是我们要逐渐学会坚强。心爱的人离去了，我们要学会坚强，如果她还在意你的话，一定不希望你陷入颓废之中；如果她不在意你的话，那么你只不过失去了一个不爱你的人，而她才是可悲的，她失去了一个真正爱她的人。这不是所谓的精神胜利法，这就是道理所在。

如果你还是无法从不幸中解脱出来，那么你就让自己忙起来吧。去做自己想做的、有意义的事情，不仅对自己有意义，更重要的是对别人有意义。或许你为自己失去了一双好鞋而难过不已，但是我相信当你看到一个失去双脚的人，你的难过会突然消失。

或许我们每一个人都养尊处优太久了，受不了打击和挫折。这无论是对个人，还是对家庭和社会都不是一件好事。我们不要做很容易悲伤的人，不要让不幸压倒自己。当不幸真正降临的时候，我们要学会坚强，这是我们必需的选择。

做人，就要学会从另一个角度看问题，不幸中常有万幸，我们没有权利在不幸面前低头。

放得下，调整自己的情绪

拿得起，放得下，多么朴素的真理，但是并不是所有人都做得到。事实上，生活中大多数人都做不到，很多人拿不起，更多的人放不下。我们的生活是在负重远行，要想走得远，走得长，就一定要注意给自己减轻负担，轻装上阵。有的人或许认为放下是一件很容易的事情。但是当你遇到一件你十分在乎的事情，人是很难放下的。其实生活中的各种习惯就注定了我们放不下。但是，还是那句话，人要想走得远，走得长，就一定要放得下，调整自己的情绪。

有位老和尚，养了一条狗。这条狗的名字很怪，不叫小花、大黄、小黑、小白，更不是旺财、来福，这位大师给它起名叫放下。每日黄昏，他都要亲自去喂它。落日下，只见诵了一天经的老和尚端着饭食，来到院子里，一声声地喊着爱犬的名字：放下，放下。

一次，这个情景被一个小女孩看到，她疑惑地跑去问："大师，你为什么给它取名叫'放下'呢？这个名字好怪哦。"

大师笑着说："小姑娘，你以为我真的在叫它吗？我是在告诫我自己，要'放下'。"

人要有大成就，就一定要学会举重若轻，不要让一些事情成为压倒自己的包袱。当事情出现问题的时候，很多人都想着事情最后的结果，悲观的人往往会想到很多坏的结果。但事实上，很多时候事情的结果并没有我们想象的那么坏，或者可以说是什么都没有发生。但是人们在这个过程中受尽了心理上的折磨。这就是不能放下的缘故。

其实无论怎么样去生活，无论获得了什么样的荣誉或者受到了什么样的打击，最后一切都会过去的。那么，我们又何必在生活中战战兢兢、如履薄冰呢？我们要学会拿起，更要学会放下，我们要不断地调整自己的情绪，以一种最好的状态去面对生活，而不要让生活成为自己的负担。

要做到放下，其实并不容易。但是有一点，我们要做到，我们不能有意识或者无意识地把自己看得太重，只有把自己先放低，最后才能放下自己所做事情，调整自己的情绪。

做人就要学会放下，不要让生活压得自己喘不过气来。

越是最后关头，越要追求圆满

行百里者半九十，走一百里的人走到九十里才算走到一半，可见最后关头的坚持多么重要，对每一个人来说也是多么不容易。事情越是到了最后关头，越是要学会坚持，追求圆满。有的人往往到了最后关头，觉得可以松一口气。事实上，不仅不能松一口气，反而要鼓足了劲，加油干。

一个年纪很大的木匠就要退休了，他告诉他的老板，他想要离开建筑业，然后跟妻子及家人享受一下轻松自在的生活。虽然他也会惦记这段时间里，还算不错的薪水，不过他还是觉得需要退休了，生活上没有这笔钱，也是过得去的！

老板实在有点舍不得这样好的木匠离去，所以希望他能在离开前，再盖一栋具有个人风格的房子。木匠虽然答应了，不过可以发现这一次他并没有很用心地在盖房子。他草草地用了劣质的材料和拙劣的技术，就把这间屋子盖好了。其实，用这种方式来结束他的事业生涯，实在有点不妥！

落成时，老板来了，顺便也检查一下房子，然后把大门的钥匙交给这个木匠说："这间就是你的房子了，这是我送给你的一个礼物！"木匠实在是太惊讶了！也有点丢脸！因为如果他知道这间房子是他自己的，他一定会用最好的建材，用最精致的技术来把它盖好。不过，现在他却因为自己的草率，要住在一个一点都不好的房子里面。

其实我们每做一件事情，都是给自己的人生搭一个房子。我们曾经信誓旦旦，也认为一定能做到，开局也很不错。但是做着做着，人就开始松懈起来，好像自己一个人在黑夜中前行，对是否能走出黑暗的把握不是很大。到最后，往往在黎明前选择了放弃。

既然选择了，我们就没有资格再怀疑选择的正确与否，凡是决定做的就是对的，也一定要做出结果来。我们越是在最后关头，前面的迷失就越大，对能否坚持的怀疑也越大，这就要求我们更加坚信自己，凭借自己的信念，去追求功德圆满。

不要去做半途而废的事情，那种事情是浪费自己的时间和精力。我们要做就做那些可以追求到最后结果的事情。其实人决定做一件事情的时候，一定要做出结果来，否则还不如不做。

做人，就要学会一口气冲过终点线，当开始做一件事情的时候，我们就已经失去了怀疑的权利。越是到最后关头，越是要追求圆满，不要让怀疑的情绪左右了自己。

境由心生，要善于往积极的方面想

一个人的处境很多时候是由一个人的心态产生的。做人做事如果有积极的心态，处境就会得到持续的改善。否则，我们的处境会越来越艰难。有的人往往受困于自己的处境而无法摆脱，做事消极。这不是尊重客观事实，而是受制于自己的心态。

雨后，一只蜘蛛艰难地向墙上已经支离破碎的网爬去，由于墙壁潮湿，它爬到一定的高度，就会掉下来，它一次次地向上爬，又一次次地掉下来……

第一个人看到了，他叹了一口气，自言自语地说："我的一生不正如这只蜘蛛吗？忙忙碌碌而无所为。"于是，他日渐消沉。

第二个人看到了，他说：这只蜘蛛真愚蠢，为什么不从旁边干燥的地方绕一下爬上去？我以后可不能像它那样愚蠢。于是，他变得聪明起来。

第三个人看到了，他立刻被蜘蛛屡败屡战的精神感动了。于是，他变得坚强起来。

三个人从同一现象中得到了不同的结论，这并不是一件十分让人费解的事情，人的心态决定了人的行动。正如命相学所说：性格决定命运，气度影响格局。

一种积极的心态可以让我们的处境更好，那我们有什么理由拒绝它呢？一种消极的心态只会让我们的处境更糟糕，我们为何还要保留它呢？始终抱有消极心态的人，要么就是过于怯懦，要么就是过于情绪化。当我们不能改变世界的时候，我们要改变自己，更加积极地适应这个世界，这才是真正的勇敢，来自心灵的勇敢。

我们要相信自己的力量，要不断地鼓起生活的勇气，不要让生活给自己造成沉重的负担。我们要选择一种积极的生活态度。我们对生活的选择不是基于我们现在的状况，而是基于我们的价值观。我们的价值观会主导我们的心态，我们的心态会主导我们的行为，而我们积极的行为会获得很好的回报。

凡事往积极的方面去想，用心境去改变处境，不是痴人说梦，也不是过于主观，而是人生的基本道理。我们不要让心态打倒自己。

做人就要学会改变自己的心境，让自己的心境变得更加积极和阳光，凡事都往好的方面去想，这样我们才能改变我们的处境。

相信自己的判断，不要妄生怀疑

对于自己已有的判断，如果是审慎做出来的，就不要再妄生怀疑，要学会坚持。有些人永远都不相信自己，如果有人告诉他说他是错的，他就开始怀疑自己。这样的人是不会取得成功的，因为他往往失去了坚持的勇气。有的人或许认为人不能太过自信，要适时修正。确实如此，但是谁又能把握时机呢？相反我们凭借我们的判断去做事情，总会有一个结果，当我们坚定了我们的判断的时候，我们就接受了这样一个结果。

有个老太太坐在马路边望着不远处的一堵高墙，总觉得它马上就会倒塌，见有人向墙走过去，她就善意地提醒道："那堵墙要倒了，远着点走吧。"被提醒的人不解地看着她，然后大模大样地顺着墙根走过去了——那堵墙没有倒。老太太很生气："怎么不听我的话呢？！"又有人走来，老太太又予以劝告。三天过去了，许多人在墙边走过去，并没有遇上危险。第四天，老太太感到有些奇怪，又有些失望，不由自主地走到墙根下仔细观看，然而就在此时，墙突然倒了，老太太被掩埋在灰尘砖石中，气绝身亡。

一个人要有主见。对自己坚持的东西，哪怕没有人认同都要学会坚持下去，都要学会永远相信。事实上做到这一点很难，三人成虎的故事让国君不相信自己的大臣，曾参杀人的故事让母亲不相信自己的儿子，我们要相信自己的判断，尤其是人们怀疑的时候，真的很难。但是难归难，我们必须做到，才会有大的成就。诺亚当年在太阳底下造方舟，该是什么样一种心情？没有人相信有大洪水突袭，所有人都认为诺亚疯了，这么好的太阳，居然造一个方舟，真不知道这个人想干什么。而诺亚造方舟的时候肯定心里也是有怀疑的，毕竟他没有看到洪水。但是，如果让他看到了洪水，一切就都晚了。诺亚没有让这种怀疑影响自己的行动，他始终抓紧时间造方舟，最后的结果是大家都知道的。

一个人如果认定了自己的判断，就不要恣意怀疑。没有人比你更清楚你判断的逻辑和依据，因此他们所说的意见很多是不足为据的。

做人，就要学会坚持自己的判断，不要对自己的判断妄生怀疑，怀疑一旦产生，就会对行动造成毁灭性打击。很多时候，怀疑就是个陷阱，让你不再坚持。

简单的事情重复做，你得有稳定的情绪

成功其实并没有想象中那么难，只不过我们把它过于夸大了。很多伟大的成功也并不需要超人的智慧和无比的聪明，它需要的是用心和坚持。复杂的事情简单化，简单的事情重复做，如果一个人能够坚持这一点就必然能够取得大成功。有的人或许认为这太简单，做起来太容易。其实一点都不简单，也不容易，尤其是在你没有稳定情绪的时候。

有学生问大哲学家苏格拉底，怎样才能学到他那般博大精深的学问。苏格拉底并没有直接作答，而只是说："今天我们只学一件最简单的事情，这就是每个人把胳膊尽量往前甩，然后再尽量往后甩。"苏格拉底示范了一遍说："就从今天开始，每天做300下，大家能做到吗？"学生们都笑着回答说这有什么难的？过了一个月，苏格拉底问学生们："哪些同学坚持了？"有90%同学举起了手。过了一年，苏格拉底再一次问大家："最简单的甩手动作，还有哪几位同学坚持了？"最后整个教室里只有一人举了手，这个学生就是后来成为古希腊另 位大哲学家的柏拉图。

上述故事中柏拉图的成功坚持，很大程度上是因为柏拉图情绪的稳定。与柏拉图相比，其他同学都有很好的承诺，最初的情绪都相信这件事情很简单。但是到最后陆陆续续就开始放弃。其关键原因就在于没有让"甩胳膊"这个动作融入到日常的生活。他们仅凭着自己的一时情绪就决定做这样的事情，肯定坚持不下来。

一时情绪，哪怕是激情，也点燃不了持续的生命。一个人事业上的成功，更多依靠的是生活的常态，将事业融入到自己的生活。我们看到很多处心积虑想成功的人最后往往以失败告终，信誓旦旦要成名的人最后还是一钱不值。而那些坚持下来的人，却频频让人们诧异，他们成功了！

做人，就要学会稳定自己的情绪，要让自己的事业融入到平常的生活。

要有所成就，不需要信誓旦旦，只需要你用一种习惯来坚持，其实坚持下来，也并不难。

过刚易折，情绪过大往往致命

人不能过刚，过刚的人易折。不要让情绪左右我们的生活，情绪过大对人往往是致命的。有的人或许认为任何人都有自己的脾气和个性，按照自己的脾气和个性来，生活就会很舒服。但是我们身上的脾气和个性有很多是有害的。它们就像一把锋利的刀一样，随时都有可能伤害到别人，而伤害最多的往往是我们自己，因为我们永远离刀刃最近。性格刚烈是最锋利的一把刀。

有父子俩，性格刚烈，从来不肯让人。一天，父亲留客人饮酒，派儿子进城买肉。儿子提着肉回家，将要出城门，正巧一个人迎面走来，结果两人不肯相让，横眉竖眼，挺着身子面对面地站在那里，僵持了很久。父亲见儿子这么长时间也没有回来，就出去寻找，看到儿子正和一个人在城门对峙，于是就对儿子说："你也太任性了，家中还有客人呢！太不像话了，这样吧！你暂且带着肉回去陪客人饮酒，由我跟他对站着，看谁站得过谁！"

历史上很多性格刚烈的人，因为他们的性格受到别人的褒扬，同时也因为他们的性格，最后毁掉了自己。比如张飞，当阳桥一声大吼，能够吓退曹操大军，一夫当关，万夫莫开。但是也正是因为这种刚烈的性格最终毁了张飞。张飞对士卒就过于暴躁，最后死在自己的士卒之手。

刚烈的人往往容易智短，因为刚烈，他们往往很是勇猛，什么时候都容易往极端方向走，不会去理性地思考和分析，最后勇猛过头，甚至会把自己的性命给搭进去。我们提倡一种勇敢，这种勇敢不是靠情绪驱动的，而是靠我们的理智来驱动的。我们提倡大智大勇，一种有智慧的勇敢，一种经过心灵深思熟虑的勇敢。我们毫不畏惧死亡，但是我们要懂得珍惜生命。人的生死都是有价值的。

任何一种性格都可能是双刃剑，因此我们一定要扬长避短，不走极端。谨慎的性格可能导致优柔寡断，细心的性格可能导致过于敏感等等。一种成就自己的性格，很可能最后会成为自己的致命因素。为此我们做人做事都不应该走极端。

做人要懂得过刚易折，不要让刚烈的性格最终毁了自己。

不要过于热烈，冲动中保持理智

我们可以去热爱一样东西，甚至将自己的一生都投入进去，就像木材最后烧成炭一样，哪怕烧成灰我们也心甘情愿。但是我们得确保我们热爱的东西是我们真正想要的东西，是真正有价值的东西。这需要我们审慎思考以后做出回答，而不要因为爱得过于热烈而头脑发热。无论我们如何冲动，我们都应该保持一份理智和醒思。有的人或许认为冲动和热烈的人往往能够获得成功，就像很多成功者很偏执一样。尽管有的成功者正是因为这种偏执而取得成功，但是我们要很清醒地看到，通过这种方式取得成功的人终究是少数，成功的概率远远比不上那些有理智的人。

有一只蝴蝶十分喜欢光亮，它对光亮的崇拜简直到了一种痴狂的地步。有一天它看到远方有一点点光亮，于是立即朝光亮处飞过去，结果发现是盏油灯。蝴蝶朝油灯飞去，希望能占有光亮，结果很快就缺了一条腿，连非常漂亮的翅膀尖儿也被烧焦了。但它还是不死心，于是又一次朝油灯飞过去，这回蝴蝶没有遇到任何东西的撞击，却跌在油灯的油盆里。弥留之际，蝴蝶说："可恶的光亮！我渴望你给我带来幸福，你却给我死亡！可惜，我明白得太晚了！"

当一个人爱得过于热烈的时候，他的理智是容易丧失的。他凭借着自己的一腔热血，去拼命地追求，但是到最后很有可能连方向都是错的。为此我们要审视我们自己，审视我们的追求。我们在做一个决策的时候，一定要经过审慎地思考，只有决策的时候十分谨慎，行动起来才不会后悔。生活中有这样一种人，决策的时候凭借着自己的情绪，很是坚定，一定要怎么样，非要做到怎样不可，但是等到行动到半途，就动摇了，他没有继续坚持下去的勇气。因为他的情绪给他的支撑已经让他精疲力竭了。

我们过于热烈地去追求一样东西的时候，很容易犯考虑欠妥的毛病。有些时候我们的毛病甚至是"万事俱备，只欠东风。"如果东风来了，我们就容易成功。如果东风不来，我们所有的努力都化为乌有。这种方式在决策上是致命的，我们不能按照这种方式来生存和发展。

做人就要学会保持理智，不要过于热烈，也不要过于冲动，要谨慎决策后果断行动。

快乐与悲哀，只在一念间

一个人的快乐和悲哀，很多时候都只是在一念间，为此我们要管理好我们的念头。不要为一些没有办法改变的事情而苦恼，生活中遇到阴霾满天的时候，只要换个角度，我们往往会看到晴空万里的希望。冬天来了，春天还会远吗？有的人或许认为快乐就是快乐，悲哀就是悲哀，为快乐而高兴，而悲哀而痛苦。事实上，当过去一切都已经铸成的时候，我们唯一可以做的就是让自己拥有更积极的现在和更美好的未来。

一个老太太有两个女儿。大女儿嫁给一个卖雨伞的丈夫，二女儿嫁给了一个卖草帽的丈夫。

一到晴天，老太太就开始唉声叹气，不断念叨着："大女婿的雨伞不好卖，大女儿的日子肯定不好过。"

可一到雨天，老太太又想起二女儿："这下雨天，会有谁买草帽啊？"因此，无论是晴天还是雨天，老太太总是开心不起来。

老太太的邻居听到这事情，觉得十分好笑。于是他对老太太说："下雨天的时候，你要想想大女儿的伞好卖了，而晴天的时候，你就要想想二女儿的草帽生意不错，如果这样想的话，你肯定不会这样闷闷不乐。"

老太太听从了邻居的建议，于是脸上整天都露出了笑容。

生活中很多事情都是这样，快乐和悲哀都是自己给自己找来的，而不是生活赋予给我们的。为了能够更好地生活，我们要善于转换自己的观念。很多时候，我们过于渺小，没有办法去改变世界，但这未尝不是一件好事？正因为我们没有办法去改变世界，所以我们更加积极努力地改变自己，通过改变自己，来改变对世界的观念和看法，让自己生活得更加美好。

人生不如意十之八九，生活中总会有一些不如意或者缺憾的事情。其实何尝不可以换个角度来看，正因为生活有缺憾，所以我们更加努力，去实现自己的理想。正如有些大文豪其性格很自卑，正是因为他们自卑，所以他们拼命地写作，最后成为了万人敬仰的人物。我们不要把生活的缺憾当成自己的负担，而应当成自己前行的动力。

做人就要学会将悲哀转化为快乐，永远看到生活中积极的一方面，让我们更加努力、更加用心地去生活，而不是为过往而痛苦不已。

不要随意伤害别人，伤口很难愈合

绵羊的脾气是很温和的，但是绵羊总觉得自己很懦弱，于是让上帝赋予它两只锋利的角，有了这个角之后，绵羊整天愁眉不展，因为它总想去伤害别人。其实生活中很多时候，我们都有伤害别人的能力。当一个人很关心你的时候，你完全有伤害他的能力，你误解他的关心或者对他冷嘲热讽，他一定会很受伤的。当一个人爱你的时候，你也完全有能力伤害他，你对他指手画脚，或者任性妄为，他都会忍受，但也会受伤。但是，我们能伤害的人往往是在乎你的人，一个根本就不在乎你的人一定不会受到伤害。为此，我们不要随意去伤害别人，因为对于在乎你的人来说，伤口是很难愈合的。做人千万不要有错误的思想，过于率性而为。

从前，有一个男孩，脾气很坏。为了将这种坏脾气磨掉，他的父亲给了他一袋钉子，告诉他每次想发脾气的时候，就在院子里的篱笆上钉一颗。第一天，男孩钉了 36 个钉子；第二天，男孩钉了 25 个钉子。随后几天，男孩学会控制了自己的脾气，篱笆上的钉子越钉越少，最后他一根钉子也没有钉。

于是他很高兴地告诉自己的父亲。父亲说，从今以后，如果你一天没有发脾气，你就可以拔一颗钉子，直到钉子拔完以后你再来告诉我。日子一天一天地过去，篱笆上的钉子终于拔完了。孩子兴高采烈地拉父亲来看。看着篱笆上满满的钉孔，父亲叹道：钉子虽然拔完了，但是这些洞是永远都不可能恢复了。当你每回和别人吵架的时候，你对别人造成的伤害，无论你如何道歉，伤口都会在那里。孩子很是惭愧地低下了头。

与人交往，贵在和字。这不是懦弱的表现，或者是毫无个性。而正是因为有一种大智慧，所以才对和字如此看重。我们生活中有很多人，与人交往的时候凭着自己的性子恣意妄为，到最后给别人造成了永远难以愈合的伤口。

我们要做一个与人为善的人，不要随意将别人与自己对立起来，也不要看不起任何人。伤害别人的时候可能是一时的情绪，但是要弥补这种伤害，往往需要做更多的事情。更何况有些伤害是永远无法弥补的。

做人就要学会不随意伤害别人，因为伤口是很难愈合的。

用书信控制自己的情绪

很多时候，我们很情绪化，很多人也知道自己情绪化不好，但是他们管不住自己。其实用一种写下来的方式来管理自己，往往能够起到事半功倍的效果。有的人或许认为写下来的话，可能会更加糟糕，甚至会给别人留下把柄。但是我们所说的写下来，并不是给别人看，而是给自己看，让自己看看自己有时候其实很好笑，有时候其实很冲动。通过这样一种方式，我们让自己逐渐变得冷静和理性起来。

有一天，美国前陆军部长斯坦顿来找林肯告状，说有一位少将用侮辱的话指责他偏袒一些人。林肯于是建议斯坦顿写一封内容尖刻的信去回敬那个家伙。

"你完全应该狠狠地骂他一顿。"林肯说。在林肯的建议下，斯坦顿立刻写了一封措辞强烈的信，然后拿给林肯看。

"对了，"林肯高声叫好："要的就是这个效果！这样就可以好好教训那个狂妄的人，斯坦顿，你的信写得真不错。"

于是，斯坦顿很是心满意足地把信叠好装进信封里。这时候，林肯却叫住了他，问道："你要干什么？"

"寄出去啊！"斯坦顿回答道。

"不要胡闹。"林肯大声说："这封信赶快把它扔到炉子里去烧毁，千万别发出去。凡是生气时写的信，我向来都是这么处理的。这封信写得好，其实写的时候你就已经很解气了，现在肯定感觉好多了，既然是这样的话，那么请把这封信烧毁吧！"

当我们情绪很激动的时候，将自己的情绪写下来是一个很好的办法。人难免会受到别人的指责和非议，如果面对指责和非议，你一个劲去解释和强调，最后只会导致指责和非议更多，为此你需要将这些指责和非议就在你这里停止，不要像击鼓传花一样，让它不断地延续下去。

古人说，冤冤相报何时了。这对日常生活的一些现象说得比较严肃。其实我们来看日常生活，人和人之间的矛盾，人和人之间的对立，很多时候都是由一些鸡毛蒜皮的小事情惹起的。而正是这些小事情，我们通过自己的情绪，不断给它上纲上线，不断夸大它，最后我们和周围的人变成了不共戴天的仇人。如果小事情是火种，那么我们的情绪就是汽油。做人一定要把这些汽油给倒掉，不要让它最后燃烧了自己。而写下来是最好的方式之一。

做人就要学会用书信来控制自己的情绪，不要让情绪左右了我们的行为。

第十一章　用心思考，不要堕入思维定势

　　我们一定要用心去思考，不要堕入到思维定势之中。很多思维定势最后让我们无法自拔，其实生活需要有自己全新的思考。

不要让浪费生命的思维定势存在

生活中的思维定势有时候能节省人们的思考时间，但是有些时候却是浪费生命。对于这些浪费生命的思维定势，我们要保持一份醒思。有的人往往堕于生活的常态，不愿意开动脑筋。或许在他们看来，存在的就是合理的，合理的就应该继续存在。但是事实上生活中有很多不合理的地方，如果能够开动脑筋将这些地方剔除，我们往往能够节省很多时间和精力。

一位年轻有为的炮兵军官上任伊始，到下属部队视察操练情况。他在几个部队发现了相同的情况：在操练中，总有一名士兵自始至终站在大炮的炮管下面，纹丝不动。军官不解，究其原因，回答：操练条例就是这样要求的。军官回去后反复查阅军事文献，终于发现，长期以来，炮兵的操练条例仍因循非机械化时代的规则。站在炮管下士兵的任务是负责拉住马的缰绳的，在那个的时代，大炮是由马车运载到前线的，炮管下士兵是为了便于在大炮发射后调整由于后坐力产生的距离偏差，减少再次瞄准所需要的时间。现在大炮的自动化和机械化程度很高，已经不再需要这样一个角色了，但操练条例没有及时地调整，因此出现了"不拉马的士兵"。军官的发现使他获得了国防部的嘉奖。

反思我们的生活，有没有一些习惯是很浪费时间的？有没有什么事情对我们本身没有任何意义，但是我们还一年一年周而复始地去做？这些事情是要剔除的。人一生难免会有这样那样的积习，这些习惯看起来很难改变，其实要改变起来并不难，只不过是我们不愿意去改变罢了。

我们要学会清除自己身上的坏习惯，避免让自己变得臃肿，变得不健康。我们要学会轻装上阵，要让自己的思想和情绪都变得轻松起来。只有轻松，而不是沉重，才有坚持到最后的能量。

做人，就要思考自己头脑中的思维定势，不要让这种思维定势浪费了自己的生命。当你清空一些思维定势的时候，你的整个生命都会变得灵动起来。

不能改变世界时，不妨改变自己

当我们不能改变世界的时候，我们不妨改变自己来适应世界。事实上，人生的绝大多数时候都是在适应这个世界，而不是想方设法去改变它。即使是英雄人物，他们的丰功伟绩大多数时候也都是建立在顺应潮流的基础之上的，而并非自己别出心裁。有的人往往会认为自己生不逢时。其实，真正的智者是不会发出这样的感叹的。

很久很久以前，人类都还赤着双脚走路。有一次，一位国王忽然心血来潮，要到那些偏远的乡间旅行。结果因为道路崎岖不平，遍地碎石子，硌得国王双脚疼痛难忍，于是败兴而归。回宫后，国王一边揉着青紫的双脚，一边愤愤不平地下了一道圣旨："把全国的道路都给我用牛皮铺起来！"而且他还颇有"人文关怀"，认为这样大动干戈绝不是为了自己，而是为了全国百姓的双脚着想……于是越想越觉得应该铺路。

可问题是就算把全国的牛都杀掉，也不够用来铺路。然而圣旨如山倒，谁敢不从？于是百姓们只能摇头叹息。这时，有一位聪明的仆人斗胆向国王进言说："与其劳师动众牺牲那么多牛，您何不只用两小片牛皮包住您的双脚呢？"国王如梦初醒。

据说，这就是皮鞋的来历。

我们要改变自己的心态。在社会上生存，你要懂得改变自己，让自己更加适应社会。社会生存的基本法则是适者生存，既不是所谓的强者，也不是所谓的智者。你如果能适应这个社会，你就能生存下去。为此需要我们改变脑海中的一些条条框框，不要让边边角角束缚了自己。

与人交往也要学会改变自己。我们不要总是从自我出发，也不要自命清高，看不起别人。别人无论如何不在你的视线之内，对别人做到起码的尊重和站在别人的角度上去考虑一些问题是理所应当的事情。

我们要做一番事业，就要学会改变自己。我们可以严格要求自己，也可以坚持自己的原则，但是与人共事，一定要学会因人而异，要善于和不同的人交往。只有做到这一点，才能够融入社会，也才能够顺应潮流，最后成就一番伟大的事情。

做人就要学会当你不能改变世界的时候，你一定要改变自己，让自己更加适应这个世界，放下自命清高和桀骜不驯吧！

不要刻意模仿成功者的举止

生活中有很多成功的人，我们想学习他们的行为或者是派头。事实上，我们是舍本逐末了。我们看到了他们成功的姿态，就以为是他们成功的根本。我们要学会看到成功的本质，而不要去刻意模仿成功者的举止，只有为数不多的人才会这样去做。

鹰从高岩上以非常优美的姿势俯冲而下，把一只羊羔抓走了。一只乌鸦看见了，非常羡慕，心想：要是我也能这样去抓一只羊，就不用天天吃腐烂的食物了，那该多好呀？于是，乌鸦凭借着对鹰动作的记忆，反复练习俯冲的姿势，也希望像鹰一样去抓一只羊。

乌鸦觉得自己练习得差不多了，呼啦啦地从山崖上俯冲而下，猛扑到一只公羊身上，狠命地想把羊带走，然而它的脚却被羊毛缠住了拔不出来。尽管它不断地使劲拍打翅膀，但仍飞不起来。牧羊人看到后，抓住了乌鸦，并剪去了它翅膀上的羽毛。

面对成功者，我们一定要分析引导他们走向成功的真正原因，要向他们学习就要学最本质的东西。这些最本质的东西很重要的一方面是他们做人做事的品质和魄力。成功者具有的品质和魄力往往是相通的，他们对人对事的态度和做人做事的方式引导他们最终取得了成功。至于他们拥有的资源、曾经的教育，很多情况下都只是一个参考因素，并不值得刻意学习。

同时，我们要成为成功者，其关键不在于我们如何识别机会，认清环境，更多的是自己是否有能力认识自己。我们要对自己有一个清醒的认识，自己的优点和缺点，自己的能力和不足，只有认清楚了自己，才能寻找到与自己实力相匹配的资源，进而取得成功。

生活的各个方面都有很多的成功者，如果我们都去学习的话，我们一定是穷尽一生的时间和精力也无所适从。为此我们一定要反问我们自己，到底想成为什么样的人？这是个很重要、也是很基本的命题。我们不可能成为方方面面都很完善的人，为此我们要集中自己的时间和精力朝自己想成功的方向去努力。

做人，就不要刻意模仿成功者的举止，要学习成功者成功的本质，其中最基本的一条本质就是对自己有比较清醒的认识。

巧妙让对方站在自己的角度思考问题

有时，我们因为对方不理解我们的处境，强行要求我们做事情而烦恼。尤其是自己的至交好友完全不能体谅自己，这种状态让人感到难堪。但是我们没有必要为了这些事情而伤害和别人的友谊。我们要拒绝的话，一定有巧妙的办法，而最好的办法就是引导对方站在自己的角度考虑问题。有的人或许认为要做到这一点很难，其实一点也不难。

罗斯福当海军助理部长时，有一天一位好友来访。谈话间朋友问及海军在加勒比海某岛建立基地的事。

"我只要你告诉我，"他的朋友说，"我所听到的有关基地的传闻是否确有其事。"

这位朋友要打听的事在当时是不便公开的，但既是好朋友相求，那如何拒绝是好呢？

只见罗斯福望了望四周，然后压低嗓子向朋友问道："你能对不便外传的事情保密吗？"

"能。"好友急切地回答。

"那么"罗斯福微笑着说，"我也能。"

罗斯福有智慧的地方就在于他巧妙地转换了方式，让对方站在自己的角度上考虑问题。在生活中，我们也许是个强者，也许从来不低头，别人误会就让别人误会去，根本就用不着解释什么。但是，其实这和让对方站在自己的角度上思考问题并不矛盾。即使是强者，也有至亲至爱的人，也希望能够得到至交好友的理解。我们何必以自己固有的思维，而让自己孤立起来呢？

我们要通过一种方式，让别人理解自己，其实任何人之间的互相理解并不难，难的是你有没有以一种合适的方式让别人理解你。我们要让对方站在自己的角度上考虑问题，要让对方考虑一下我们的处境。这样的话，很多时候我们的决定，他们就不会加以指责。因为对他们来说，他们真正理解了，他们知道换位思考了。

如果我们真的在乎我们的朋友，真的想成为生活的强者的话，就一定要懂得让别人理解自己，不要做桀骜不驯的山羊，也不要做飞得高高的苍鹰，我们要有我们的坚强，同时我们也要有我们的柔弱。每一个人都有弱点的，刀枪不入的阿喀琉斯脚上还有致命的弱点。我们又怎么能够永远孤傲，自欺欺人呢？

做人就要学会巧妙地让对方站在自己的角度上思考问题，不要过于刚硬。

真情感动别人，不要妄自菲薄

你要善于用自己的真情去打动别人，而不要妄自菲薄。任何人都有缺点，都有被别人看到的不足。但是如果要让别人接受你的缺点，也并不难，只要你能够打动别人。生活中常有这样的故事，一对恋人相爱的时候，彼此的缺点都当成优点来看，哪怕长了一颗很难看的痣也被当成了特点。但是如果恋人不再相爱，连优点都将变成缺点，谨慎变成了优柔寡断，关心变成了婆婆妈妈。这不正好说明，如果你能打动别人，让别人接受你，你的优点就多了起来吗？有的人对自己的缺点往往十分介意，他们妄自菲薄，不懂得其实缺点很多时候并没有自己想象中的那么重要。

有一个小伙子固执地爱上了一个商人的女儿，但姑娘始终拒绝正眼看他，因为他是个古怪可笑的驼子。

这天，小伙子找到姑娘，鼓足勇气问："你相信姻缘天注定吗？"姑娘眼睛盯着天花板答了一句："相信。"然后反问他，"你相信吗？"他回答："我听说，每个男孩出生之前，上帝便会告诉他，将来要娶的是哪一个女孩。我出生的时候，未来的新娘便已经许配给我了。上帝还告诉我，我的新娘是个驼子。我当时向上帝恳求：'上帝啊，一个驼背的妇女将是个悲剧，求你把驼背赐给我，再将美貌留给我的新娘。'"

当时姑娘看着小伙子的眼睛，并被内心深处的某些记忆搅乱了。她把手伸向他，之后成了他最挚爱的妻子。

与人交往的时候，我们要善于用自己的真情去打动别人。很多时候，别人不接受我们的意见和看法，甚至不接受我们这个人，其关键不是在于我们有什么错误，而是我们还没有让人感动。如果能够用真情去感动别人，即使自己有什么错误，别人也是能包容的，接受我们的意见和看法自然不在话下。

我们固然要注重对真理的追求，但是我们也不能忽视对真情的把握。情理之中，既有情，也有理，这样才能够无往不利。一个人只注重道理的说明，往往显得过于笨拙。只有将感情融入道理之中，才能让别人心服口服。

做人，就要学会用真情去打动别人，不要妄自菲薄，也不要过于依赖道理。

生活中答案本来多种多样，没有唯一正确

生活中的答案是多种多样的，一个问题并不是只有唯一的解释，很多时候也没有唯一正确的答案可遵循。为此我们应该根据自己的价值选择，来决定适合我们的答案。即使是选定了我们的答案，我们也一定要记住生活的答案不是唯一的。有的人将答案看得很唯一，所以他们容易固执己见。

五台山上住着一个老和尚和一个小和尚，老和尚是小和尚的师傅，两人在寺庙中相依为伴。

有一天，老和尚给小和尚出了一个问题："一个爱清洁的人和一个不爱清洁的人一同去一家串门，是爱清洁的人先去洗澡，还是不爱清洁的人先去洗澡？"小和尚搔了搔头皮，迅速地答道："当然是不爱清洁的人先去洗澡，因为他身上脏得很。"老和尚看了看小和尚，不满意地捶了小和尚一下："呆子，好好想想吧！"

这样，小和尚可知道正确答案了，他毫不犹豫地回答："一定是那个爱清洁的人先去洗澡。"老和尚问："为什么？"小和尚胸有成竹地说："那还不简单，爱清洁的人有爱洗澡的习惯，不爱清洁的人有懒惰的习惯，只有爱清洁的人才有可能去洗澡。"说完，小和尚等待师傅的夸奖。

出乎意料的是，老和尚不仅没有夸奖小和尚，还说小和尚没有悟性，除了罚站，还要考虑正确答案。想了大半天，小和尚迫不及待地回答："两个都得去洗澡，爱清洁的有洗澡的习惯，不爱清洁的需要洗澡。"

师傅的脸色告诉他，又错了。小和尚只好怯生生地说出最后一个答案："两个都不去洗澡，原因是爱清洁的人很干净，不需要洗澡，不爱清洁的人没有洗澡的习惯。"话毕，老和尚和颜悦色地对小和尚说："其实，你已经把四个答案都说出来了，但你每次都认准一个是正确的，你的答案就是不全面的，因此，单单拿出哪一个都不是正确的答案。"

明白了生活中答案不是唯一的道理，就要明白其实很多问题从别人的角

度看来，自然有另外一种解释。所以我们没有必要把自己认为正确的当成唯一真理，要善于倾听别人的想法。只有这样，我们才能够接近真理。

做人，就不要过于相信唯一答案，生活中有各种各样的答案，关键在于我们的选择。

你得感谢让你防患于未然的人

我们要感谢的，不仅有在我们处于困境的时候帮助过我们的人，而且更包括那些曾经让我们不陷入困境的人。其实人们对自己的一种忠告，何尝不是一种防患于未然。我们为何不能对他们表示感谢呢？有的人听不进别人的忠告，或者认为别人是另有企图。事实上，如果你认真去听取的话，你会收获很多，很多低级错误也不会犯。

有位客人到某人家里作客，看见主人家灶上的烟囱是直的，旁边又有很多木材。客人告诉主人说，烟囱要改曲，木材须移去，否则将来可能会有火灾，主人听了没有做任何表示。

不久主人家里果然失火，四周的邻居赶紧跑来救火，最后，火被扑灭了，于是主人烹羊宰牛，宴请四邻，以酬谢他们救火的功劳，但是并没有请当初建议他将木材移走，烟囱改曲的人。

有人对主人说："如果当初听了那位先生的话，今天也不用准备宴席，而且没有火灾的损失，现在论功行赏，原先给你建议的人没有被感恩，而救火的人却是座上客，真是很奇怪的事呢！"

主人顿时醒悟，赶紧去邀请当初给予建议的那个客人来吃酒。

我们要正视别人给予自己的忠告，无论是批评还是建议，我们都要学会虚心，哪怕我们不接受，我们也要懂得去感谢别人。别人提出建议和批评，肯定有他的道理。但是有时候，我们会认为是多管闲事，尤其是自己看不起对方的时候，更是将他们的忠告当成耳边风。其实不管对方地位如何，荣誉怎样，只要他们提出忠告，对我们来说都要学会倾听。至于改进不改进，我们根据自己的实际情况来。

我们不要只听得进顺耳的话，很多时候逆耳的话也要听取。我们要鼓励别人给自己提忠告，别人就是自己的一面镜子，我们从别人身上能够看到自己身上很多的不足。我们也能够从别人对自己的感受中来正确看待自己。

做人，就不要过于自我，对于那些给过自己批评和建议的人，对于那些让自己防患于未然的人一定要表示感谢。

时移世易，用固有方法无疑刻舟求剑

我们生活的时代每天都在改变，过去的方法对我们今天的时代未必管用。因此用固有的方法来响应今天的变化，无疑是刻舟求剑。有的人往往不知道应变，用旧的方法做着今天的事情，最后容易吃大亏。

古时候，有孟姓和施姓两户人家，比邻而居。施家有两个儿子，大儿子学文，二儿子习武。孟家也有两个儿子，学的东西跟孟家的儿子一样。

施家两个儿子长大成人后，出去找工作。大儿子到齐侯宣讲"仁道"，提倡以仁治天下的齐侯接纳了他。二儿子到楚国向好战的楚王宣扬战争，结果楚王让他做了军官。两个儿子得来的俸禄使他一家人衣食富足，父母也备受乡里的尊重。

孟家的儿子长大成人后，也出去找工作。大儿子来到秦国，用儒家的"仁道"向秦王游说。此时的秦王一门心思称霸天下，最讨厌"仁道"二字，于是将孟家大儿子阉割了才放他走。

孟家习武的二儿子去向卫侯游说，宣传好战思想。而卫侯深切地体会到自己的国家太弱小，好战必亡，于是命人砍掉孟家二儿子的脚，才放他回国。

孟氏一家人想求福，却招致祸害，只能抱头痛哭。

其实一个人的言行并没有绝对的对错，关键是看是否合于时宜。如果合于时宜，人就会发达；如果不合时宜，人就容易遭殃。施家的两个儿子的言行是合于时宜的，因为他们谈话的对象是正确的。而孟家的两个儿子说话不合时宜，原因是他们东施效颦，但是连起码的谈话对象都找错了。

我们有自己的主张，表达自己的意见，首先要看谈话对象。谈话对象如何直接决定了我们该说什么。这倒不是见人说人话，见鬼说鬼话，而是我们要说合适的话。不仅如此，我们还要看时机，时机不对，哪怕话再正确，再有道理，也不能凭着自己的一腔热血或者头脑发热就铺天盖地地说出来。这个时候别人不爱听，会反感的。

我们要想言行举止有效果，就一定要注意对象和时机。这是两个最基本的因素。言行对了，时间不对；时间对了，对象不对；对象对了，言行又变了。这何尝不是一种悲哀？

外表是会伪装的，内在却实实在在

一个人的外表是会伪装的，但是一个人的内在却是实实在在的，伪装不了。我们追求一种真实的生活，就不要伪装自己，活出一个真实的样子来。同时，对待生活的事物，我们要有判断，能识别，能透过外表看到内在，透过现象看到本质。不要让外表虚幻的东西将自己迷惑了。有的人往往认为一个人连外表的东西都看不清楚，怎么可能看得清楚内在呢？事实上，有很多事情外表是模糊的，内在却十分清楚。

伯乐是善于识别马的大师，一直为秦国相马。当他老的时候，秦穆公对他说："你的年纪大了，你的子孙中可有派得出去寻找千里马的人吗？"

伯乐回答说："一匹好马，可以从它的体形、外貌和骨架上看出来。而要找天下无双的千里马，好像还没有固定的标准，没法子用言语来表达。这种马奔跑起来，脚步非常轻盈，蹄子不扬起灰尘，速度非常快，一闪而过，好像看不到身影。而我的儿子都是一些下等的人才，他们能够相的只停留在好马上，却不能识别什么是千里马。我有个打柴卖菜的朋友叫九方皋，他相马的能力不在我之下。我就把他推荐给您吧！"

不久秦穆公召见了九方皋，派他出去寻找千里马。三个月以后，九方皋回来报告说："已经找到了，在沙丘那个地方。"

秦穆公连忙问："是什么样的马？"九方皋回答说："是匹黄色的母马。"秦穆公派人去把马牵来，结果发现是黑色的公马。

秦穆公很不高兴，于是把伯乐叫来说："你推荐的那个找马的人，连马的颜色和雌雄都搞不清楚，又怎么能识别千里马呢？"

伯乐一听，由衷地感慨说："真是可怕，九方皋相马竟达到了这种地步，这正是他之所以比我高明千万倍的原因。九方皋所看到的，正是天机！他注重观察的是精神，而忽略了它的表象；注意它内在的品质，而忽视了它的颜色和雌雄；他只看见了他所需要看的而忽视了他不必要看的；他只观察到他所需要观察的而忽视了他不必要观察的。像他这样的人相出的马，绝对是比一般的好马更珍贵的千里马啊！"

马牵来了，果然是天下少有的千里马。

做人，就一定要把握本质，把握做人做事的本质，把握最实实在在、最有效的东西。

有时，有用不如无用好，不要让能力成为负累

有些时候，一个人能力太强，往往让自己很累。我们不要什么都会，不要什么都精，不要什么都表现最好，这样不仅自己很累，而且我们的事业和

生活都将成为自己的负累。有时候，有用还不如无用好。有的人或许总想将自己表现最好，一定要积极向上。我们不是否认努力做得最好这种态度，努力做得最好是需要肯定的，它是一种态度，但是有些时候，让自己不那么优秀却是一种智慧。

一棵无花果树枝头挂满了青青的果子。它对周围的榆树很是不屑，因为榆树一个青果子都不会结。结果无花果一天一天地成熟了。不久，有一队士兵从这儿路过，发现了果实累累的无花果树，便立刻爬上去摘果子。结果，无花果树的树枝被踩断了，树叶被弄掉了，所有的无花果一个也不剩，全被采光了。可怜的无花果树只剩下断枝残叶和光秃秃的树干。老榆树十分同情地对无花果树说："无花果树呀，如果你不曾结果，也不会变成今天这副可怜的模样啊！"

如果细细想，我们生活中很多的优点或者是品质最后都容易成为我们的负累。比如勤劳是优秀品质，但积劳成疾就是负累。一个人要善于管理自己的能力，不能因为自己的能力强，就把所有的事情揽在自己身上。一个人无论能力多强，所能做的事情都始终是有限的。要善于将自己的能力发挥到自己最想做的事情上，而那些自己不想做的事情，或者本身就不是自己职责范围的事情，要学会放手。

一个成功的人，一定不是特有能力，特能做事情。相反他一定有充分的时间去思考，他可以是个"懒人"，甚至感觉有点"好逸恶劳"，但是他一定是善于思考的人，知道怎么样四两拨千斤，知道怎么样用智慧来改变生活。就像不想爬楼梯的人，最后发明了电梯；不想走路的人，最后发明了汽车一样。我们要成功，就要做这样的"懒人"，而不是因为自己能力强，总是忙得不亦乐乎。

做人，就要明白有用有时不如无用好，千万不要因为自己的能力强，或者别人的几句恭维，而将自己陷入事务的泥潭。

柔弱胜刚强，强者是温柔的

柔弱的东西往往能战胜刚强的东西。这并不是因为劣币驱逐良币，坏的让好的无法生存。而是因为柔弱的东西往往有足够的耐性，有足够的坚持，这是刚强很难做到的。生活中很多成功，其原因并不是很深奥。其关键一定在于坚持。真正奇迹的产生在于坚持，真正创造奇迹的人不是最聪明的人，而是最能坚持的人。真正的强者是温柔的。有的人或许不理解这种话。

一位智者生了重病，他的徒弟前去探望。徒弟来到老师床前，求教道："先生的病不轻啊，还有什么道理要传授给弟子吗？"

智者点头，随后张大口，让徒弟看，并问道："我的舌头还在吗？"

徒弟回答："还在，好着呢！"

智者又问："我的牙齿还在吗？"因为年迈，智者的牙齿已掉光，只露着光秃秃的牙床。

徒弟老老实实地回答："牙齿不在了。"

智者追问："你领悟这个道理了吗？"

徒弟若有所悟地回答："舌头存在，是因为它的柔软；牙齿没有了，是因为它太刚强的缘故。"

智者说："好啊，天下的事理都在这里，我已经没有别的话要说了。"

古人说，留得青山在，不怕没柴烧。其中就含有柔弱和刚强的道理。无论是用什么样一种方式，都要把青山留住，刚强的人显然是很难做到的，只有那些柔弱的人，甚至抱着"好死不如赖活着"观念的人才能做到。人在很多时候，都要善于保全自己，要学会珍惜生命。而珍惜生命就是珍惜生活中的每一年、每一天、每一个时辰。

　　真正的强者是温柔的，在与人交往中，不要用自己强硬的态度或者居高临下的地位来表明自己的强势，而要通过一种平等和尊重表达自己的大度和格局。我们不要做一个狐假虎威或者外强中干的人，我们要做真实的自我。

　　做人，就要学会保全自己，用一种柔弱去战胜刚强，用坚持来打败一时激情。

第十二章　不要等到失去的时候才知道珍惜

　　人要懂得珍惜自己拥有的东西，不要等到失去的
时候，才追悔莫及。生活中有很多的遗憾，我们不应
该重蹈覆辙。

你可以没有世界，但你不能忘了亲人

一个人可以没有世界，但是不能忘了亲人。一个人如果连自己的亲人都忘了，拥有世界又有什么用？有的人或许认为拥有世界比拥有亲人更重要。其实一个人连自己的亲人都不用心去对待的话，他拥有世界会是多么危险啊！

有个年轻人离别了母亲，来到深山，想要拜菩萨以修得正果。在路上他向一个老和尚问路："请问大师，哪里有得道的菩萨？"

老和尚打量了一下年轻人，缓缓地说："与其去找菩萨，还不如去找佛。"

年轻人顿时来了兴趣，忙问："请问哪里有佛？"

老和尚说："你现在就回家去，在路上有个人会披着衣服，反穿着鞋子来接你，那个人就是佛。"

年轻人拜谢了老和尚，开始启程回家，路上他不停地留意着老和尚说的那个人，可是他已经快到家了，那个人也没出现。年轻人又气又悔，以为是老和尚欺骗了他。等他回到家时，夜已经很深了。他灰心丧气地用手敲门。他的母亲知道自己的儿子回来了，急忙抓起衣服披在身上，连灯也来不及点着就去开门，慌乱中连鞋子都穿反了。年轻人看到母亲狼狈的样子，不禁热泪盈眶……

人无孝心，则信义皆休。一个人对一直对自己好的亲人都不眷顾的话，也无法赢得别人的信任。其实很多时候，我们容易将做一番事业和照顾亲人对立起来，两者真的矛盾吗？自古以来，很多人都说忠孝难两全，其潜台词就是要抛弃孝道，而选择忠诚。古人有他不得已的苦衷，在民族大是大非问题上做这样的选择无可厚非。但是现代社会，极少出现这种选择的时候。我们不用将工作和照顾亲人对立起来，不用把它看成是忠孝难两全。这里面只存在一个时间合理安排的问题。只要我们把时间安排妥当，两全是完全可以做到的。千万不要等到自己失去亲人的时候，才追悔莫及。一个懂得爱、懂得珍惜的人，才懂得追求。

做人，就要学会善待自己的亲人，千万不要因为事业的缘故，而忽视他们。一个人的家庭和亲人往往是最大的事业。

留得青山在，不怕没柴烧

经常听到有人抱怨，说自己很穷，没有任何财富和资本。其实不是我们真的穷，而是我们把自己看穷了。我们的财富就在于我们个人的存在。我们有时间、有精力、有理想、有行动，这就是我们最大的财富，我们完全可以白手起家，如果失败了，我们也可以东山再起。任何时候都要想着留得青山在，不怕没柴烧。因此无须自怨自艾。有的人只懂得狭隘的财富观念，那是一种不劳而获的思想。

有位青年时常对自己的贫穷发牢骚。

"你具有如此丰厚的财富，为什么还要发牢骚？"一位老人问。

"它到底在哪里？"青年人急切地问道。

"你的一双眼睛。只要能给我一只眼睛，我就可以把你想得到的东西都给你。"

"不，我不能失去眼睛？"青年回答。

"好，那么，让我要你的一双手吧！为此，我用一袋黄金作为补偿。"

"不，双手也不能失去。"

"既然有一双眼睛，你就可以学习。既然有一双手，你就可以劳动。现在，你自己看到了吧，你有多么丰厚的财富啊！"老人微笑着说。

一个人的财富在于自己的创造。我们如何把自己的时间、精力、理想和行动转化为财富和资本，是我们需要思考的问题。我们不应该去思考我们有没有财富和资本，这本身就是个伪命题。可以说，我们每一个人都不是穷人，我们活着就有希望。我们只不过受困于我们的观念，受困于我们目前的处境。

活着就是胜利，痛苦也是幸福。其实人活着，好好地活下去，就有希望，就能产生奇迹，就能寻找到生活的本质。我们要想成功，就不要害怕失败。即使是彻底的失败，也不过是上天安排我们重新演绎大成功的机会。过去的东西存在太多的漏洞，我们推倒重来，重新开始。

做人就要学会正确地看待财富和资本，任何时候都要坚持下去，这样才有更多的希望。

用对死亡的反思来规划今天

我们每一个人都不可能万古长存，我们都只有几十年的光阴。除去年少的懵懂和老年的无奈，我们真正能够付诸努力的时间并不多。这仅有的时间，我们应该进行好好的规划。如果我们能用一种死亡的反思来规划我们的时间，规划我们所拥有的每一天，我们肯定能让时间更有意义。有的人或许认为这太沉重。其实生命的事情本身就是很严肃的，我们没有理由随意去浪费生命。

纳德·兰塞姆是法国最著名的牧师。无论在穷人还是富人心目中他都享有很高的威望。在他90高龄的一生中，他有1万多次亲自到临终者面前，聆听他们的忏悔。

在他的人生后期，纳德·兰塞姆想把他那60多本包含这些人的临终忏悔的日记编成书，但因法国里昂大地震而毁于一旦。

纳德·兰塞姆去世后，被安葬在圣保罗大教堂，他的墓碑上清楚地刻着他的手迹：假如时光可以倒流，世界上将有一半的人可以成为伟人。

纳德·兰塞姆老了，他没有将另一层意思说出来。人们如果将对死亡的反思提前50年、40年、30年，那么世界上会有一半的人可以成为伟人。

如果今天就是我生命中的最后一天，这仅有的一天应该怎样度过呢？我们一定要做自己想做的事情，一定要做自己该负起责任的事情。我们没有理由拖延，拖延工作实际上是浪费我们自己的生命。其实我们每一个人都是自我雇佣的，即使是上班族，即使有再严格的规章制度，没有任何一种约束能够要求到一个人的心中想法，因此我们是自由的。基于这种自由，我们更应该让自己的生命有意义起来。

让我们的生命变得有意义起来，就要学会一种反向思考，我们要用一种对死亡的反思来思考我们生命的价值。不要过一种无意义的生活，不要做无聊的事情，对于浪费时间的各种恶习我们应该立即改掉，我们要做能自我珍惜的人，这无疑是在延长生命。

做人，不妨用对死亡的反思来规划我们今天的时间，不要让时间毫无意义，白白溜走。

人的欲望无止无休，但不能失去自己

人的欲望是无休无止的。得陇望蜀，获得了一样东西，往往期盼着另一样。而且自己得到的东西，就不愿意再拿出来。这是人的本性，无可厚非。但是在这种追求中我们永远都不能失去我们自己。有的人认为欲望的不断满足，不会迷失自己。其实这很难说，很多人正是因为欲望将他们送上了不归路。

有一个老人在自家门口的一块空地，竖起一块牌子，上面写着："此地将送给一无所缺，全然满足的人。"

一名富有的商人，骑马经过此处看到这个告示牌，心想："此人既要放弃这块土地，我最好捷足先登把它要下来。我是个富有的人，拥有一切，完全符合他的条件。"

于是，他叩门说明来意。"你真的全然满足了吗？"老人问他，"那当然，我拥有我所需要的一切。"

"果真如此，那您还要这块土地做什么？"

生活中很少有人能够全然满足的，绝大多数人都希望得到更多。但是整个世界的财富是有限的，当你得到越多的时候，别人可能就得到的越少。为此我们必须管理住自己的欲望，不要让欲望无限地膨胀。很多时候我们都要学会知足常乐，不要为了实现自己的欲望，不惜铤而走险。

要管理好自己的欲望，还要对自己的人生有一个很明确的规划。不要什么都想着去做，什么都想做的人，到最后往往一事无成。我们一生只能做几件事情，而一生似乎又是只为一件大事而来，基于这种认识，我们应该明确这一件大事是什么，只有这样，我们才能集中自己的时间和精力，避免分散，才能最终有所成就。

做人，就要学会管理好自己的欲望，不要将自己埋在欲望的汪洋大海之中。

你得珍惜你的拥有，谨慎抉择

对你所拥有的东西，一定要珍惜。很多时候，我们追求我们得不到的，就会失去我们拥有的。或许在我们的意识里总觉得得不到的比拥有的要好许多，但现实生活一次次告诉我们自己拥有的永远都是得不到的比不上的。有的人一门心思地追求自己得不到的，最后往往会失去自己拥有的。等失去的时候，才追悔莫及，人们总是重复着这样无尽的遗憾。

一只狮子深深爱上了一个樵夫的女儿。姑娘的父亲说：

"你的牙齿长了。"

狮子就去找牙医把牙齿拔了。

它回来后又找樵夫提亲，樵夫说：

"还不行，你的爪子也太长了。"

狮子又去找医生，把爪子也拔了，然后回来要姑娘嫁给它。

樵夫看到狮子已经解除了武装，就把它的脑袋打开了花。

对于我们生存之本的东西，无论是什么样的理由，我们都不应该放弃。也许有人经常会告诉你，你做人太老实了。其实这并不是什么缺点。试想，如果你变得不老实起来，别人是否还愿意跟你交往？一个人原来是什么样的，不要随意改变，不要想着让所有人满意。一个人无论如何改变都只能让一部分人满意。你要根据你的实际，来吸引认同你的人。

其实生活中有很多的遗憾，都是因为认识上的缺陷。曾经自己拥有的东西，总以为永远属于自己，结果最后失去；曾经认为不重要的东西，其实很重要，只不过我们在没有失去的时候感觉不到罢了。我们要想不产生这样的遗憾，就一定要反思，对于那些可能的失去，一定要谨慎抉择。我们不能做完人，这世界上也没有后悔药可以买，尽管我们谨慎抉择，我们终究还是免不了会有各种各样的遗憾，但是我们可以把这种遗憾减少到最少。

对于那些已经失去的东西，我们不要过于留恋，失去了就失去了，我们人生也终将成为过去。因为我们失去过，所以我们更应该珍惜自己现在拥有的。如果遗憾是无法弥补的，我们所能做的就是让这类遗憾永远不要再出现。

做人就要谨慎抉择，抉择的时候一定要考虑到因为这个抉择自己可能失去什么。

你得保护让你安全的事物

你一定要保护那些让你安全的事物。比如说你可信赖的朋友，为了一时的利益而背信弃义，显然会让自己陷入品行危机。不仅跟我们的朋友说不过去，哪怕是朋友的仇人也会看不起我们。历史上，卖主求荣的人往往得不到好下场，原因就在这里。有的人往往为了自己的利益，而忘记保护同行的人。事实上，我们要做大事，一定要懂得照顾别人的利益，当你懂得照顾别人的利益的时候，别人才会照顾你的利益。对于那些确保安全的事物，我们一定要尽全力保护。

山羊们集会在一起，写了封信给狼，说："为什么你们总是没有宁日地与我们作战呢？我们恳求你们，我们大家讲和了吧！"

群狼对此非常喜悦，立刻写了一封长信，伴着许多礼物，送给山羊们。狼在信上说：

"刚才知悉你们美妙的决议，我们真是谢天谢地的喜悦。这个和平的消息，能使四海欢腾歌舞。但我们要告诉你们：就是那牧羊人和他所养的狗，实在是使我们互相歧视和斗争的原因。你们果真能设法摒弃了他们，和平便立刻实现。"

山羊果然听了狼的话，把牧羊人和狗全都赶跑了，并与狼签订了和平条约，双方声明永远友好。

山羊们于是在山之巅、水之涯悠闲散步，一点也用不着担心了。

群狼静候了几天，便集合在一起，突然袭击羊群。可怜的山羊们没有一只幸免于难。

人之所以经常陷入困境，很多时候是因为受不了诱惑。因为受不了诱惑，为了得到想得到的东西，结果牺牲了很多对自己来说最重要的事物。我们要对这种追求有一份醒思。古时君子对待财富的态度就值得我们学习。君子爱财，取之有道，用之有方。得到的方式一定是光明正大，堂堂正正的，这样的财富才能长久的归自己所有。而光明正大和堂堂正正就要求我们不要损害别人的利益，尤其是我们朋友的利益。用之有方就要求我们不要做守财奴，要将钱用在正确的地方，尤其是和保护自己利益的人分享。这并不是限制一个人的行为，而是避免危险。

做人，就要学会保护那些保护你的事物，不要恣意伤害它们。

财富代替不了欢乐，患得患失换来满脸愁容

财富代替不了欢乐。有些人有了财富，却满面愁容，毕竟财富多了，人容易患得患失。有的人或许对财富有比较偏执的认识，将拥有财富作为一生的快乐。其实，这何尝不是在自我欺骗呢？

一对靠捡破烂为生的夫妻，每天一早出门，拖着一部破车到处捡拾破铜烂铁，等到太阳下山时才回家。他们回到家的时候，就在门口的院子里摆上一盆水，搬一张凳子把双脚浸在盆中，然后拉弦唱歌，唱到月正当空，浑身凉爽的时候他们才进房睡觉，日子过得非常逍遥自在。

他们对面住了一位很有钱的员外，他每天都坐在桌前打算盘，算算哪家的租金还没收，哪家还欠账，每天总是很烦。他看对面的夫妻每天快快乐乐地出门，晚上轻轻松松地唱歌，非常羡慕也非常奇怪，于是他想了一个办法，让对方不再快乐。

办法很简单，他送给了那对夫妻一袋钱币。这对穷夫妻有了钱财之后，连把钱财放到哪里都是个问题，总不能随身带着。每回从外面回来，夫妻俩总是第一时间跑去看钱财是否还在。于是他们再也没有时间唱歌。

财富再多，也代替不了欢乐。我们固然要追求财富。但是我们要明白追求财富的最终目的还是为了欢乐。如果欢乐都没有了，财富再多又有什么用？在追求财富的过程中，我们要懂得去享受生活，就好像一路奔跑，我们要懂得享受沿途的风景一样。

在追求财富的过程中，我们不要患得患失。人来到世界的时候，本来就一无所有，走的时候也什么都带不走，因此人在财富上要学会洒脱。不要将财富看得太重，太重容易让自己陷入困境，要么斤斤计较，要么铤而走险，这些都不是值得提倡的事情。

做人，就要学会享受快乐，要在快乐中不断成就自己的事业。当你用一种快乐的心去追求事业的时候，你就不会那么沉重，就更容易取得成功。

有时，欲望会让你失去一切

你越是想得到的东西，最后越可能让你失去所有。人的欲望是无穷大的，所以人要想活得好，就一定要善于管理自己的欲望。有的人却认为人本身是为了欲望而来，所以追求欲望是人的本性。确实，每一个人都有自己的欲望，但是我们必须考虑到我们的现实。无论是我们的时间，还是我们的精力，都不允许我们去无限制地扩大我们的欲望。

有一个农夫，每天日出而作，日落而息，辛苦地耕种一小片贫瘠的土地，每天累死累活，但是收入却只是勉强可以糊口。

一位天使可怜农夫的境遇，想帮他的忙，于是天使对农夫说，只要他能不停地往前跑，他跑过的地方就全部归他所有。

于是，农夫兴奋地朝前跑去。跑累了，想停下来休息一会儿，然而一想到家里的妻子儿女们都需要更多的土地来生活，就又拼命地往前跑……

有人告诉他，你到该往回跑的时候了。不然，你就完了。农夫根本听不进去，他只想得到更多的土地，更多的金钱，更多的享受。于是，他不停地跑，竭尽所能……

可是，终因心衰力竭，倒地而亡。生命没有了，土地没有了，一切都没有了，欲望使他失去了一切。

你要善于管理自己的欲望，不要让它过于膨胀。人一生能做的事情其实也没几件，千万不要一生劳碌奔波，把所有的精力和时间都分散使用，这样最终将会遗憾终生的。

管理好自己的欲望，就要为自己设定目标，并且坚定不移地朝着目标努力。我们不要学小猫钓鱼一样，总是一会做做这个，一会做做那个，这样很难将一件事情做好。连一件事情都做不好，我们又怎么能有大成就呢？

做人就要善于管理好自己的欲望，不要让无休无止的欲望让自己失去了一切，包括生命。

用命挣钱，用钱养命，为何算不过账

我们生活中的很多人，都在玩着令人发笑的游戏：用命去挣钱，然后用钱去养命。生活中每天都有人重复地做着这样的傻事，为什么人们算不过账来呢？有的人或许认为这谁能预料得到呢？积劳容易成疾是容易预料到的，过度劳累对身体有害也是能预料到的。我们怎么能说预料不到呢？

史特威夫是一个成功的商人，前几年他身板结实，做生意赚了不少的钱。后来他为了挣够一千万美元，没日没夜地工作。有人建议他去锻炼身体，他总说没时间。他从不缺钱，可是他吃的食物却不及他家饲养的宠物狗。那只狗每周吃100美元的食物，可史特威夫每周的饭费却花了不到30美元，他每天只靠少量的牛奶和饼干打发，人因此瘦得像一根麻杆，还病殃殃的。

三年后，史特威夫终于如愿以偿赚够了一千万美元，但他也因此患上了严重的心脏病、脑血栓，住进了医院，每日在病床上呻吟。

我们要像安排工作一样，安排好自己的休息。我们要确保工作的高质量，就一定要确保休息的高质量。工作取代不了休息。不要太相信最好的休息就是继续工作的说法，最好的休息还是不断放松自己，享受生活。

人是一根弹簧，有弹力，可压缩和延展，但是如果因为这个原因，你就最大限度地使用自己，消耗自己，这根弹簧迟早是要绷断的。我们不要等到弹簧绷断的时候再来后悔，我们要善于调节。

身体是革命的本钱，我们要学会保重自己的身体，不要随意地消耗它。保重身体和用心工作并不矛盾。我们经常说拼命工作，如果真的是拿命去工作的话，这种工作状态是不会长久的。

做人，我们就要考虑长远，不要把自己绷得太紧。有时候，应该这样想想：有成就了怎么样，没有成就又怎么样，一切都会过去的。

你有没有把最珍贵的东西遗失在路上

你知道对你来说，什么是最珍贵的吗？你把它还带在身上吗？人最珍贵的东西之一莫过于理想，我们曾经意气风发地表示，这辈子一定不要平庸，一定要成就伟大。生活中的大多数人都曾表过这样的态，但是为什么最后成功的人总是那么寥寥无几？是不是我们已经把最珍贵的东西遗失在路上了呢？

有一对兄弟，他们的家住在80层楼上。有一天他们从外地旅行回来，突然发现大楼停电了！于是他们开始背着大包的行李爬楼梯。等爬到20楼的时候他们开始累了。于是哥哥建议将包先放到20层，等来电以后，我们再过来取。于是，他们将行李放在了20楼，开始很是轻松地爬楼梯。

他们一路有说有笑地爬到了40层，这时兄弟俩想到才只爬一半，于是开始埋怨，埋怨对方没有看到大楼的停电通告。兄弟俩争吵了起来。等到爬到60层的时候，兄弟俩连吵架的力气都没有了，于是再也不吵了，低头爬到了80层。终于到了80层，兄弟俩有点兴奋。可是等他们找钥匙准备开门的时候，突然惊呆了，原来钥匙放在20楼的那个包里面。

其实，这何尝不是我们的人生啊！我们20岁的时候是带着理想的，我们期盼着理想的实现。但是越走越发现太沉重，我们想轻松，于是将理想放了下来。等到40岁的时候，我们开始怨天尤人，感叹自己生不逢时，自己一生好像都没有了希望。等到60岁的时候，我们连怨天尤人的力气都没有了，我们习惯了这种生活，也不再抱怨。等到80岁的时候，我们已经是耄耋之年，回首一生感觉有些得意，但是一细想，我们却把理想落在了20岁的时候，那时才是我们年少轻狂的幸福时光。

我们要细细拷问一下自己，有没有把理想放下。我们怕吃苦受累，我们不能负重远行。最后我们也将遗憾一生。无论现在自己处于何种境地，都不要去抱怨什么，去把自己的理想拾起来，继续负重前行。如果最终能实现理想，我们一生都会很得意；如果实现不了，我们也足以告慰平生。

做人，就要懂得把理想牢牢地记住，为了理想不断地去努力、去追求。